U0161714

精简生活整理术

（升级版）

张丹（Coco）｜著

侯文茹｜绘

中国纺织出版社有限公司

内 容 提 要

本书针对日常生活中的整理收纳问题，从衣、食、住、行等方面介绍了符合中国人习惯的精简生活整理术。内容涵盖最基本的规划、整理、收纳方法，其中包括衣服、书籍文件、小物品的规划、整理和收纳，玄关、客厅、卧室、儿童房等空间的规划、整理和收纳，办公出行活动的规划、整理和收纳及老前整理等。

图书在版编目（CIP）数据

精简生活整理术：升级版 / 张丹著；侯文茹绘
. --北京：中国纺织出版社有限公司，2023.4
　　ISBN 978-7-5180-9822-4

　　Ⅰ．①精⋯　Ⅱ．①张⋯ ②侯⋯　Ⅲ．①家庭生活—基本知识　Ⅳ．①TS976.3

中国版本图书馆CIP数据核字（2022）第161438号

责任编辑：刘　丹　　责任校对：江思飞　　责任印制：储志伟

中国纺织出版社有限公司出版发行
地址：北京市朝阳区百子湾东里 A407 号楼　邮政编码：100124
销售电话：010—67004422　传真：010—87155801
http：//www.c-textilep.com
E-mail：faxing@c-textilep.com
中国纺织出版社天猫旗舰店
官方微博 http://weibo.com/2119887771
北京华联印刷有限公司印刷　各地新华书店经销
2023 年 4 月第 1 版第 1 次印刷
开本：880×1230　1/32　印张：7
字数：129 千字　定价：58.00 元

凡购本书，如有缺页、倒页、脱页，由本社图书营销中心调换

我是如何成为整理师的

整理后家的变化

　　总会有朋友问我："在你整理之后，家里有哪些变化？"我会翻出手机里的照片，给他们看我家里现在宽敞明亮的客厅。

台面无物的厨房。

宽度只有 1 米却能装下四季衣服的衣柜……

看着他们惊讶的表情，我会说："只要你们愿意整理，家里也可以这样啊！"

意外成为"整理专家"

最早的时候，我完成了衣服、书籍、文件和厨房的整理，会陆续在微博、微信朋友圈晒一下，意外的是我收到了大家踊跃的互动和回复，甚至有几个朋友强烈要求我分享一下经验。

于是，我在家里的客厅开始了第一次的"整理分享会"，分享整理的知识和心得。后续掀起了一轮又一轮的整理热潮，小区里建了 3 个跳蚤市场群，每天大家都在甩卖各种闲置物品。

2016 年 4 月，我开始通过微信公众号"整理专家 Coco"和大家交流整理方面的知识和经验。后来，我又应学了整理术却还是不能独立完成整理的同学的邀请，开始提供一对一的上门指导服务。这种形式更有针对性，能让大家看到立竿见影的效果。再后来，我开始到朋友的公司开讲座，从十几人到几十人、上百人，大家对整理的热情超出了我的想象。

2016 年 12 月，通过知识技能共享平台"在行"的严格审查，我成为一名整理行家，开始通过平台接触客户。

2017 年 2 月 27 日，我参加了北京电视台《暖暖的新家》节目，帮助空巢老人进行收纳规划活动。

那一年，我还在"核桃 Live"平台录制了国内第一套系统的整理视频节目（卖得居然还不错）。

2018 年，我和三联"松果生活"App 合作了一档音频节目，三八节同步在音频平台喜马拉雅推出。

2018 年 6 月 17 日，我启动了线下课程，通过面对面的方式和大家沟通，直到今天已经开办了 42 期三级课。

在这个过程中，我也不断地学习和充电。

我先是拿到了日本规划整理协会（JALO）的一级生活规划资格证，也成了中国规划整理塾（CALO）第一批三级课铂金讲师和上门导师。之后，我又完成了 P.E.T. 父母效能训练课程、韩国规划整理一级课程和美国慢性整理无能研究所（ICD）课程。为了更好地给大家传授整理收纳相关知识，我还去学习并通过了美国培训认证协会（AACTP）的国际培训师认证。

2020 年，我更是在经过长达一年的学习后获得了日本规划整理协会（JALO）认证的二级讲师资格。

"中国特色"整理术

在帮助客户的过程中，我发现日式的整理术不能拿来就用。因为日式住宅在设计之初就将收纳考虑在内，但在中国，住宅就算毛坯房，精装修的时候人们更多地也是在家电、卫浴方面下功夫，收纳空间的设计

ライフオーガナイザー1級 資格認定証

認定番号 L-1002082-1

氏　名 张丹 Zhang Dan

発行日 2018年 4月30日

あなたは本協会が定める資格認定規定に基づき
ライフオーガナイザー1級の称号を有することを証します。

一般社団法人日本ライフオーガナイザー協会

マスターライフオーガナイザー 資格認定証

認定番号 L-1000200-M

氏　名 张丹 Zhang Dan

発行日 2020年 4月 1日

あなたは本協会が定める資格認定規定に基づき
マスターライフオーガナイザーの称号を有することを証します。

一般社団法人日本ライフオーガナイザー協会

一级规划整理师资格证
Master Level Certificate in Professional Life Organizing

认定日期： 2019-07-18

证件编号： CN0000003

从业姓名： 张丹 ZHANG DAN

认证说明： 中国规划整理证明你
已具备一级规划整理师所需的知识
技能，特此认定。

中国规划整理塾
Professional Life Organizing

片づけ脳力 トレーナー 資格認定証

認定番号　　KT-000073

氏名　　　　张丹 ZHANG DAN

発行日　　　2019年11月15日

あなたは本協会が定める資格認定規定に基づき
片づけ脳力トレーナーの称号を有することを証します

一般社団法人日本ライフオーガナイザー協会
Japan Association of Life Organizers

ライフオーガナイザー2級 資格認定証

認定番号 L-1007629-2

氏　名 张丹 Zhang Dan

発行日 2017年 6月30日

あなたは本協会が定める資格認定規定に基づき
ライフオーガナイザー2級の称号を有することを証します。

一般社団法人日本ライフオーガナイザー協会

亲子规划整理师资格证

认定日期： 2019-10-31

证件编号： CNJT00004

从业姓名： 张丹 ZHANG DAN

认证说明： 规划整理塾证明你已具
备亲子规划整理师所需的知识技能。
特此认证。

规划整理塾
Professional Life Organizing

整理收纳专家资格证
Professional Organizer Certificate

资格等级(Qualification)： 整理收纳专家 1级

资格证号(Certification No)： KB19-1020

姓　名(Full Name)： 张丹

生　日(Day of birth)：

颁发日期(Issued date)： 2019.01.03

兹证明此人获得韩国整理收纳协会颁发的专家资格证
This is to certify that this person is qualified as an expert
in The Korea Association of Professional Organizers.

韩国整理收纳协会
The Korea Association of Professional Organizers

整理收纳专家资格证
Professional Organizer Certificate

资格等级(Qualification)： 整理收纳专家 2级

资格证号(Certification No)： KC18-13185

姓　名(Full Name)： 张丹

生　日(Day of birth)：

颁发日期(Issued date)： 2018.07.08

兹此证明此人在韩国整理收纳协会取得了专家资格
tháv that this person is qualified as an expert
 ooccssociation of Professional Organizers.

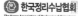

한국정리수납협회
The Korea Association of Professional Organizers

往往不尽如人意。

以衣柜为例，日式整理术往往强调如何叠衣服。中国的妈妈们往往既要上班又要带娃，没有大把的时间可以做家务。那怎么办呢？

很简单，我们可以通过悬挂来减少家务量。能挂的统统挂起来，实在不便于悬挂的内衣、袜子等，再放到抽屉里。

以我家小团子的衣柜为例，我把它从上到下分成了三部分，最上面三个白色收纳盒装的是床品、棉服等物品，中间悬挂了非当季的衣服，下面小朋友自己能拿到的部分是当季衣物。一个不用换季、小朋友能自己找到衣服、每天花一分钟把洗好晾干的衣服挂上就行的衣柜，真的好省力。

同样，规划理念也需要与时俱进。一提起客厅，大家想到的往往就是沙发、电视和茶几的传统布局。生活节奏日益加快的今天，客厅的"待客"功能其实真的用得不多，电视也早被 iPad 抢了生意。所以，如何根据自己和家人的需要来规划，才是我们研究的课题。

孩子小的时候，我们可以设计出

游戏区，让他们学爬、学走，尽情玩耍。

上了幼儿园，保留游戏区的同时，重点突出书籍的陈列，潜移默化地培养孩子的阅读习惯。

准备上小学了，可以精心打造一个学习气氛浓郁的客厅，配合一整面墙的白板，写字、画画都很方便。

整理师整理的，不仅仅是物品

很多人都好奇整理师的工作是不是简单地把物品整理归类、摆放整齐就好？事实上，整理物品只是整理师工作很小的一部分。如果只是表面上把物品整理妥当，不研究使用者的习惯，整理后很快就会再次陷入混乱的状态。

咨询是整理的第一步。在帮助客户整理的过程中，我一般都会先和对方约好时间上门做个一对一咨询，了解对方家庭和空间的基本情况以及客户的使用习惯。在此基础上再进行空间规划和物品整理，以便他们今后使用和归位，而不是只考虑美观。

后面所示的是之前的案例，客户 W 因为物品多和空间规划不合理造成居住上的困扰。在经过实地 3 小时的咨询之后，我们拿出了第一版整改方案。之后，这一方案与客户 W 在电话沟通后修改了 5 次才最终确定。采购了一批收纳用品之后，我带着 5 个小伙伴用 10 小时搞定了客户 W 和她先生的衣物。

首先，在我们的建议下，客户 W 同意丢掉卧室里原来的那张长沙发。

在原位置新增了两个衣柜以后，客户 W 的衣物收纳问题被一步到位地解决了。

整理前　整理后

这一次衣物收纳的挑战出现在她先生那里，他的衣物数量几乎是太太的两倍，我们还是留下了相当数量的衣服。挑战来了，怎么办？

我们先是按原计划改造了卧室原有的衣柜，作为先生日常专用。

又在征得奶奶同意后，在她的房间里新添置了一个衣柜，里面收纳了先生不常穿的衣物。其他地方不属于奶奶的物品我们都清理走了，保证奶奶的房子绝大部分空间归她使用。

整理前

整理后

初战告捷后，客户超级满意地发了朋友圈。

新衣柜

很多时候 我们渴望改变 却又只静静等待
或者对问题视而不见自我催眠
夏天将过，于是等待者还在等待，逃亡
者一直逃亡……

不挥剑刺破，一切都不会发生
改造历时一个月
书房变身元宝房
客厅变身书房兼工作室
玄关也清明了许多
感谢整理师和设计师巧思量 🙏 🌷

经历了断舍离
家人各有成长 🖤

　　时隔三个月后，我们再去客户 W 家整理时，惊喜地发现这个家中衣物收纳保持得超好，完全没有复乱。

　　这次我又配合设计师 6 个人花了 10.5 小时改造了玄关、客厅、儿童房。

整理前　　整理前

整理后　　整理后

整理前

整理前

整理后

整理后

　　很快，我就发现自己并没有过上想象中自由职业的"自由"生活，而是成了一个忙得好多天都是深夜才回家的整理师。但这样的生活我还是喜欢的。因为，这是我自己选择的人生，这是我用心整理过的人生。

　　本书自 2019 年出版后深受大家的喜爱，这次再版根据最新的国情删掉了部分章节，并更新了部分章节内容和图片，期待大家能够从中获得更好的阅读体验。

张丹（Coco）

2023 年 1 月

推荐序

已经不记得是在哪里第一次遇到 Coco 了，但是不管是第一次还是后面很多次，她都是一个亲切、温暖、靠谱的人，这样的印象标签一直留在我心中。

关注 Coco 的微信公众号，时常看她发的文章，常常会感觉到她写的东西细致、严谨、可操作性非常强。在整理领域，每个人都有自己的风格，如果说 Coco 的个人风格，我推测作为她的读者和客户一定能强烈地感受到她给你带来的放心、妥帖的感觉。她为客户做整理，她来教客户做整理，整个过程就是很靠谱。

这本书浓缩了 Coco 这些年整理的实践与思考，我在阅读书稿的时候体会到本书的几个优点。

第一，这本书里面非常细致地介绍了生活中衣、食、住、行各个方面的整理收纳方法，一如既往地具有很强的实操性。

第二，Coco 将规划置于整理原则之前，以更大和更清晰的视角来指导生活，使得整理收纳的方法并不是简单地围绕物品、空间和家具，而是服务于生活。

　　第三，在叙述的过程中逻辑清晰，语言简洁，配图的直观性也很强，还给予大家很多行之有效的经验和例子。

　　如果你正面临整理的问题，相信让这一本书来陪伴和指导，你会经历一个愉悦的整理过程，收获一个整齐、清爽的家。

中国规划整理塾联合创始人

敬子

2019 年 3 月

序

规划带来精简生活

极简主义真的适合你吗？

最近一段时间，我一直在看关于极简主义的书，也加入了一个极简主义的群，还和两位极简主义博主一直在互动。但是，经过反复思考讨论，我感觉，极简主义不适合目前的我，可能也不适合大部分朋友。

提出这样的疑问，原因如下：

① 没有极繁，何来极简？美国、日本的极简主义根基正是来自物质丰富的大背景，我们的经济还在发展中，虽然现在大家都在消费升级，但距离极简主义还有一段很长的路要走。

② 国情不同：类似日本的便利店、自动贩卖机，目前我们全国各地还有很多地方不能实现。如果楼下就有菜市场和超市，需要什么新鲜食材都能马上买到，相信谁也不愿意囤一堆东西在冰箱里。

③ 地区不同：生活在昆明或者三亚的朋友，感觉极简起来应该比生活在北京的要容易很多。毕竟昆明四季如春、三亚大多数时候很热，

有一两件厚外套也可以过冬。可是北京人民就不行了，冬天零下一二十度，你得有羽绒服吧？夏天三十多度，你还得有短衣短裤吧？

④ 男女有别：不知道大家有没有注意一个事实，就是目前国外比较有名的极简主义者大部分是男性。我闺蜜一针见血地指出，男生和女生能一样吗？这还真不是性别歧视，男生可以省略的分类太多了。例如，乔布斯生前一直穿 T 恤和牛仔裤，但作为女生，就算我不穿裙子，胸罩还是要有的吧？又如彩妆，就算你再省略，也得有盒粉底或者至少有支口红吧？极简主义者托尼（Tony）四年只穿一双鞋，这个对于女生来讲，是万万做不到的啊。

精简主义

经过认真思考，我最终决定选择精简主义的生活。

精简主义：东西少而精，确保物品高质量、低数量。

精简工作：设定自己的人生目标，找到自己热爱的工作，然后不断为之努力。我很幸运找到了整理，这个既可以帮助别人又可以养活自己的工作。

精简时间：为学习、为与家人朋友相处的时间做加法，为不必要的交际和应酬做减法。

精简空间：规划好家里的各个功能分区，让小房子住出大宅子的感觉。

精简物品：规划好物品的种类和数量，选择自己需要的，不被潮流带着跑。

为了达到这一目标，我在生活中全面引入规划的概念，做任何事情之前都谋定而后动，先规划好方案再进行，果然有事半功倍的效果。

对于大多数人来讲，一生中最贵的有形资产恐怕得属房子，所以，我们先从房子和物品入手来规划。下面就和大家简单分享一下家庭规划的几个原则。

规划四原则

我总结了规划的四个原则，分别是时间和阶段、功能分区、物品的种类和数量、定位。

规划原则之一：时间和阶段

从时间上来看，不同的阶段、不同的需求会直接影响家的布局。

我们每个人都来自原生家庭，然后可能单身一段时间或者直接进入二人世界，之后有了多口之家，因为随着孩子而来的一般还有老人或者保姆。但等到孩子上学、结婚之后，又会慢慢地拥有二人世界甚至再独居。如何让同一套房子做到可以尽量满足我们人生不同阶段的不同诉求，这才是最重要的问题。所以，规划的第一步就是：你一定要先弄清楚自己正处于人生的哪个阶段，这套房子大概会陪你走到人生的哪个阶段。

规划原则之二：功能分区

我们把和家人每天要做的事总结一下，大致有 10 件。尽量为每件事固定一块明确的区域。

功　能	具体内容	常规分区	理想分区
吃	吃饭	餐区	餐区
	吃水果	茶几	
	吃零食	茶几	
喝	喝水	餐区	水吧
	喝茶	茶几	
	喝咖啡	餐区	
	喝酒	餐区	
拉撒	大小便	浴室	单独如厕间
睡	睡觉	睡眠区	睡眠区
玩	玩玩具	客厅	娱乐游戏区
	玩游戏	书房	
学	学习、工作	书房	学习工作区
洗	洗脸、刷牙	浴室	洗漱区
	淋浴、泡澡	浴室	浴室
穿	穿衣服	衣柜	穿衣区
	穿鞋	玄关	穿鞋区
家务	做饭	厨房	中厨区
	洗衣服	阳台	洗衣区
	清洁	浴室	家务区
锻炼	跑步	跑步机	健身区
	瑜伽	客厅	

　　当然，也许上述功能你并不是每个都需要，也可能你家还有新的功能可以增加。但无论如何，我们的方法论基本还是一样的，都要根据自己家庭的需求在装修前明确主要功能区域，以保证今后的生活更舒适。

如果你已经入住，没法拆墙破壁，也可以根据目前最迫切的需求进行优化，一样可以让生活更美好。

规划原则之三：物品的种类和数量

如果你已经完成了房屋的阶段规划和功能分区，那么接下来就可以尝试对物品的种类和数量进行规划了。

女生到底需要多少套衣服？虽然答案因人而异，但你知道吗？有21套衣服就足够了！这还是针对每天需要换衣服的上班族女士。

《欢乐颂》里安迪说过，女生的衣服其实不需要太多变化，每季7套，一周不重样即可。以四季分明的北京来说，夏季7套、春秋7套、冬季7套。冬季的7套完全可以规划成大衣、风衣、长羽绒服、短羽绒服、超薄羽绒服、冲锋衣和棉服。换句话说，你有21套衣服的话，一年四季就够穿了。

规划好衣服的种类和数量，然后再按这种方法去管理家中的其他物品。牢记"如非必要，不增实物"。

这倒不是让你只入不出，而是你可以花更多的钱买更好、更需要的东西。毕竟，大家都有相同的心理，更好、更贵、更难得的东西你也一定会更爱、更常用、更珍惜。这也正是精简生活的主张。

但如果你说：我就是一个网购少年，实在放不下鼠标点点点、快递滚滚来的感觉，怎么办？在这里提供一个小窍门，那就是买吃的！最好是健康的蔬菜水果，吃完就没，过瘾不占地，还有利于身体，一举多得。

其他实体类物品请务必遵循"进一出一"的原则。

规划原则之四：定位

在你明确了房屋的使用阶段、划分好了空间内各个区域的功能，并明确了每个区域内物品的数量后，你还需要通过定位，让它们一直待在自己该待的地方，这样你找东西方便，物品归位也方便。所以，要想持续打理好一个家，就一定要做好物品的定位。

定位的终极目标是让每一类东西有固定的区域，最后达到每件物品都有自己固定的位置。

这项工作有点类似于你是一个快递员，如果要送快递到客户家，必须清楚客户家的地址，细致到国家、城市、小区和门牌号。

如果你能够好好规划，慢慢地，物品就会少而精，你也可以如我一样，轻松拥有自在的精简生活。

最后，感谢宜家（中国）的朱迪（Judy）对本书部分照片的支持。

张丹（Coco）

2019 年 3 月

目 录   CONTENTS

物品篇

衣服整理术

01
其实你只需要21套衣服

从面向女性用户做出的各项整理主题调查问卷的结果来看，与整理相关的烦恼里，衣柜这个关键词的出现频率最高。很多女性在解决家里衣服多且乱的问题时，第一个想到的办法就是增加衣柜，但家里的空间是有上限的，所以，我们最先要帮大家解决的问题就是打造四季衣橱，过上不换季的生活。

想要规划好衣柜，就要先规划衣服的数量与种类。在开始动手之前，我建议大家问自己一个问题："一个上班族女士，需要多少套衣服才能满足日常工作与生活的需要？"

同样的一个问题，我在线下做讲座的时候也问过，得到的答案有"10套""50套""100套"等。

其实这个问题因人而异，不同的职业对此会有不同的答案。比如说在时尚类媒体公司或相关行业工作的女性确实需要更多的服装，毕竟每天都不能输给隔壁的"琳达（Linda）"，而这也是对自己工作与客户的尊重。对于个别践行极简主义的女性，可能10套衣服真的就够了。

但今天既然我们要谈规划，我就斗胆给大部分上班族女性一个建议——"21套衣服就够了！"你肯定会说"不可能"。别急，听我慢慢道来。

有一段时间，我在外企每天连续工作11小时以上，压力特别大。当时我的减压方法就是网购，衣服买多了，怀孕的时候可以连续60天换不同的造型。除了买衣服的钱之外，洗涤、晾晒、收纳都花了不少时间和精力。

第一次看《欢乐颂》的时候，剧中的安迪和樊胜美讨论衣服的问题，安迪说："我不需要那么多的搭配，我只需要一季7套就够了。"我当时就算了一下，一季7套，四季28套，北京春秋天可以合并，21套就够了！如果我能早点儿明白这个道理，就能省下不少钱呢。

为了让大家不再重蹈我的覆辙，我和大家分享一下上班族女性的服装规划。

想规划好衣柜，先规划好衣服的种类与数量

虽说女生总是因为觉得衣柜里面缺一件衣服而不停地买买买，但其实大部分人应该和我一样不知道自己缺的是哪一件。

衣服规划其实特别简单：

首先，想想周一到周五上班需要穿什么衣服，套装类、商务休闲类还是休闲类？

套装类：目前大部分公司都

套装类衣服

不再要求穿套装，除了房屋中介。

　　商务休闲类：这应该是目前大多数公司的普遍着装风格，基本上衬衫、Polo 衫或者稍微正式一点儿的女装就可以过关了。

商务休闲类衣服

休闲类：无领 T 恤、牛仔裤……在互联网公司、广告公司（不见客户时）比较常见。

休闲类衣服

想清楚一周 5 天上班穿什么之后，再搭配周末的休闲装，你的衣柜就大致能确定了。

其次，是数量，这个已经说过了，每季 7 套一周不重样就可以，如果你喜欢两周甚至一个月不重样也随你，但衣柜也会随之变大。

一季 7 套（4 套正装，3 套休闲装，因为有很多公司周五可以穿休闲装），一年有四季，但实际上春秋可以合二为一，所以即使在北京这样四季分明的城市，21 套衣服也足够应付上班需要了。而且因为冬天里面可以穿春秋的衣服，冬季这 7 套可以包括风衣、羊绒（毛）大衣、长羽绒服、短羽绒服、冲锋衣、夹克和棉服（中式西式随你选）。

最后，请考虑特殊场合。为婚礼、年会、面试等特殊场合准备几套衣服，以备不时之需。

当然，每个女生的衣柜里还会有内衣、内裤、袜子、睡衣、家居服等贴身衣服，这些大家也可以规划好，如 N 件文胸、N 条内裤，N 的数量你来决定就好。

这样，一个精简又实用的衣柜就搞定了。

礼服类

	夏	春秋	冬
星期一			
星期二			
星期三			
星期四			
星期五			
星期六			
星期日			

本图是根据每季7套衣服从周一到周日做的推荐，供读者参考。顺序横向是从夏季、春秋季到冬季，纵向是从周一到周日。冬季的外套类衣服大家可以根据天气自行添加，未来大家可以根据自己的喜好进一步优化搭配。

ⓘ衣柜，一辈子整理一次就够了

打造四季衣橱，过上不换季的生活，这个理想目标的第二步必然要进入整理衣服的环节。

虽然我们已经规划好了理想衣橱的容量，但可惜理想很丰满，现实很骨感，一个无法逃避的问题就是我们现在的衣服怎么办？所以，现在就一起来整理一下自己的衣橱吧。

选择一个周末的早上，自己一个人，在床上铺好床单，开始动手吧。整理过程大约需要几个小时，但如果你认真对待，你的生活将从此与众不同。

你可能会惊讶于自己居然有这么多衣服，该如何整理呢？

推荐四个方法：心动法、递进选择法、五步法和四分法。

心动法

心动法是日本整理师近藤麻里惠提倡的，也是最简单的整理方法。拿起一件衣服，感受一下，自己是否怦然心动？如果是就留下，不心动就丢弃。

递进选择法

这个方法适合不太容易找到怦然心动感觉的朋友。

首先，我们问自己，如果我只能选 10 件衣服，剩下的都不能要，我会选哪几件？

当然，这只是一个游戏，但它能让你明白自己的标准和喜好。

通常大家都会选出 10 件自己特别喜欢的衣服，或者是一条穿上之后人人称赞的美丽裙子，或者是一件让自己在面试或会议等场合显得特别端庄的外套，也可能是自己穿着非常舒适的家居服。总之，这 10 件衣服都是你的心头好，你的最爱。

然后以此为标准，将你所有的衣服一件一件检查。最后的目标是留下大约 30 套的外出衣服，记得是夏季 7 套、春秋 7 套、外套 7 套，再给特殊场合留几套。如果真的只有 30 套衣服的话，一个宽度 1 米的衣柜就能装下了。（我的衣柜就是这样。）

当然根据我对你们的了解，有可能你留下的不止 30 套，可能是 50套甚至更多，那就麻烦看一下衣柜的容量是否足够。如果不够，可以根据房子的空间情况看是否能添加衣柜或者分季节存放。

五步法

方法三是五步法，我简单总结为：看、想、问、穿、拍。

一看：对着光仔细查看，如果衣服上有污渍或者破洞，能洗的洗、能修的修，没得救了就不要了。可以补救的放到一个袋子里尽快送洗衣店修补，别混在一起又忘了。

二想：拿起一件衣服，想想上一次穿它是在什么时间，如果时间已经 1 年或者 2 年以上，以后你基本也不会穿，像这样的衣服也可淘汰。

三问：如果还是拿不定主意，也可以问问自己，"明天如果天气合适，出门我会穿这件吗？"如果不会的话，继续问问是为什么。

四穿：还有拿不定主意的就试试，看看衣服是不是依然适合你现在的身材和气质。

　　五拍：穿了之后还是不知道，就拍照给衣品好又毒舌的闺蜜看看，相信你很快会有答案的。

四分法

　　如果说心动法是理想主义，四分法则是在理想和现实之间找到了平衡。

　　四分法指根据喜欢和常用与否把物品分成四类，喜欢又常用的衣服一定要放在最好拿好放的区域；反过来，既不喜欢又不常用的衣服要尽快把它们处理掉；有一些喜欢又不常

用的小礼服、沙滩裙之类则好好收起来，需要用的时候能拿到就好，但这类衣服不宜过多；如果有一些衣服不喜欢但经常穿的，也简单列到购物清单上，有机会把它们换成喜欢常用的就好了。

扫尾工作

　　在用上面四个方法完成筛选之后，会剩下很多不心动、不喜欢也不常用的衣服，我的建议就是——都不要！都不要！都不要！

　　有人会问你是不是太败家了？非也，非也！我们来算算账，北京的房子一平方米怎么也要五六万元了吧，如果你留着一堆既不喜欢又不穿的衣

服，占了这一平方米，那真的是极大的浪费啊。你可以想想，这些衣服新买的时候是多少钱，更何况现在旧了、贬值了。让不值钱的物品占据你家宝贵的一平方米空间，显然是不划算的！释放出空间给家人，让不用的物品去流通，才是不败家的王道。

比较贵也比较新的衣服也可以找二手奢侈品网站，他们有估价、代卖一系列服务。但价格肯定会大打折扣，要有心理准备。

如果你不忙或者有耐心，也可以挂在闲鱼上，但要做好当客服的心理准备，因为问了一堆问题不买的情况也挺多的。

你可千万别说那些不喜欢的衣服会留着在家穿，事实上，正经的家居服还穿不过来呢。

如果你能认真地整理一次，相信效果一定很显著。因为我们差不多会扔掉三分之一左右的衣服。

我的一位客户经过整理之后决定舍弃部分衣服，最后足足有 7 大袋衣服离开了她的衣柜。

认真整理之后的最大好处就是，你不会再冲动地随意买买买了，毕竟扔掉很多衣服你也会心疼，之后再买衣服也会谨慎很多。而且随着整理的深入进行，你的判断能力会大大提高。比如现在，我很快就会发现某件衣服是不是我需要的。去年一年我只买了 10 件衣服，同样的预算之下，每件衣服的品质提高了。

03
两米衣柜就能装下你所有的衣服

> 这是我们打造四季衣橱，过上不换季生活的第三步，两米宽的衣柜就能装下你所有的衣服，前提是你的衣服不是特别多（200~300件）。
>
> 你一定会觉得不可能。没关系，花5分钟，听我一一道来。

衣柜规划

宜家根据中国女性平均身高和使用习惯，推算出 1.8 米左右的衣柜挂杆高度最适合中国女性。我自己实测过，如果是这个高度，我站在地上不用踮脚就可以拿取衣服。

这样 1 米的衣柜从上至下纵向就可以分成三个区域。根据使用的频率分为不常用、最常用和次常用，对应的功能分区就是储存区、悬挂区和折叠区。

上部：储存区。高于挂杆的部分，推荐搁板 + 收纳袋 / 百纳箱的设计。收纳袋或百纳箱最好选有拉手的，用的时候也不用搬梯子了。这部分可以用来收纳第二类喜欢却不常穿的衣服或者换季时收纳秋冬的羽绒服和棉服等。

中部：悬挂区。用挂杆 + 衣架将常用的衣物挂起来，这部分可以用来收纳四分法中经常穿的衣服。

底部：折叠区。用抽屉 + 站立折叠法收纳不需要悬挂的衣服，如

储存区
反季衣物或不常用的物品

悬挂区

常用衣物

折叠区

内衣、家居服等

不常用

最常用

次常用

衣柜分区

袜子、内衣以及家居服等。如果衣服比较多，也可以把休闲类的衣服如T恤、打底衣物、运动服等周末穿的衣服收在抽屉中。

衣柜改造

我知道大部分人的衣柜和我的不一样，所以，你可以改造衣柜或者重新买一个。

但不管怎样，作为已经为 300 多名客户提供了咨询服务的专业整理师，我的建议就是：合理增加悬挂区，拆掉腰部以下的搁板。现在都市生活忙碌，回家以后，大家需要更好地"懒"。有了悬挂区，我们就能实现从晾衣架直接拿到衣柜的无缝对接。

　　至于拆搁板，请看下图衣柜，改造前，搁板区一拿就乱，找衣服不方便，最下面一个更是要趴在地上才能够到里面。请问谁没事会在家里这么玩？反之，拆掉搁板变成抽屉后，按 T 恤、家居运动服、休闲裤分类并站立折叠后，好拿好找。如果你喜欢悬挂，也可以花几十元买一个挂杆将其改造成悬挂区。

改造前

改造后

衣服收纳

　　如果你有两个衣柜，可以按衣物的长、短来划分用途，或者按季节来做区分。我更推荐后者，因为不同的季节用不同的衣柜，更加方便收纳与换季。我的规划图供大家参考。

包包和帽子放在上面，更好地利用空间的同时也便于和衣服搭配。然后就简单了，能挂的挂，不能挂的叠起来。

下图是我最新改造的 1 米衣柜。

上面的储存区收纳了
冬天的羽绒服和棉服
等换季衣物。

中间的悬挂区轻松地
挂了51件衣服。

底部的抽屉区上面放
了袜子，左侧三个抽
屉放了内衣内裤、家
居服和休闲裤，右侧
抽屉上面的收纳盒放
的是临时换下来还不
需要马上洗的衣服，
右侧抽屉下面的收纳盒
放了运动服、床品和厚
家居服。

一辆普通小轿车最多只能坐5个人，就算再瘦挤7个人也是既不舒服也不安全。衣柜也是同理，如果将衣服强行塞进衣柜，后果就是不好找，时间长了衣柜也会不堪重负而变形。

如果衣服确实比较多，也尽量通过多折叠的方法，把休闲裤、牛仔裤、T恤、运动服等不怕皱的衣服折叠起来。若还是装不下，又不愿意减少衣服，就只能增加衣柜。

④
一二三四五，鞋柜理清楚

相对于复杂的衣柜来讲，初次接触整理的朋友们也可以从鞋柜开始练手，毕竟鞋比衣服多的女生我还没怎么见过。你只需要 30 分钟就能学会五步整理法的技能，时间短，见效快。

五步整理法

五步整理法，特别适合那些没有决心和行动力的女性。

五步就是"平铺、整理、分类、计算、归位"。简单说一下，这个比较适合针对具体空间、具体物品进行的整理。

以鞋柜为例，取出所有鞋柜里的物品，平铺在地上，类似菜市场卖菜的感觉。

旧了、坏了、不舒服、不想穿的，可以直接扔掉。

留下的鞋子再按人、季节、类型分类。

比如先按爸爸、妈妈、孩子的鞋分一个大类，然后妈妈的鞋再按冬鞋、春秋鞋和凉鞋分开。有需要的话也可以把春秋鞋再按有跟、无跟分开。

　　计算环节：女鞋的宽度一般在 20 厘米左右，男鞋一般在 25 厘米左右。所以宽度 1 米的鞋柜一排女鞋放 5 双，男鞋放 4 双。

　　根据鞋柜的大小决定能留在鞋柜里鞋的数量，比如当季的放在鞋柜里，非当季的放在储藏室。当季装不下的也可以放在第二储藏地点，但往往这些鞋就会被长期储藏下去，甚至被你彻底遗忘。

25厘米×n双=A

a+b=B

18~25厘米

a

b

A≥B　增加鞋柜

A<B　不增加鞋柜

可以根据鞋配鞋柜，看看是否需要更换新的鞋柜。

　　最后一步是归位，整理后放好位置，最好写个标签。脱下的鞋散味
之后，及时回归原位。

你究竟需要多少双鞋

这个问题，每个人的答案是不一样的。如果是《欲望都市》的凯莉，估计答案是多多益善，毕竟她爱鞋如命。

但对于一般的上班族女士来说，鞋子不像衣服，需要每天都换，一个季节中同一用途的鞋子至少有两双换着穿应该就不算失礼了。海淘达人俄勒冈七姐给的答案我觉得很经典：14双鞋就可以覆盖各种场合。

"女人需要多少双鞋才够呢？我冬天是两双有一定保暖功能的鞋，春秋是两双与季节好搭配的鞋，商务和出差是两双相对正式经典款的鞋，运动爬山是两双运动鞋，去海滩是一双洞洞鞋和一双人字拖，开车是一双迷你唐卡的鞋，另有一双很正式和质量很好的鞋在重大场合穿，家里是两双外贸的日系拖鞋。"

基本原则：

①不同场合有不同的鞋。

②买就买经典款。

③同一用途的鞋，买两双换着穿，鞋也需要休息。

鞋柜千千万，哪款好用

　　一提起鞋柜，小伙伴们纷纷欲哭无泪。你通常看到的鞋柜是不是都是这样的？看起来挺美吧？

如果是平跟鞋或者女鞋还好，但如果是高跟鞋或者男鞋，就有可能发生放不进去的悲剧。

　　上面鞋柜这样的设计虽然省地，价格也不贵，但只能放 8 双鞋。我其实特想抓住设计师问一下，"请问你家有几口人？每个人都只有两双鞋吗？"

　　很多商家能提供的鞋柜也都是类似的，占地不大，但装不下几双鞋。但也有例外，由某品牌衣柜改造的鞋柜，费用（不加门）只要一千多元，应该说至少没有宰你。

1 米宽的鞋柜轻松收纳了 53 双鞋。

双门鞋柜
这种双门鞋柜，最多能放16双女鞋，还贴心地自备了一个小抽屉，可以用来收纳钥匙、钱包、手机等。

买鞋柜最关键的看一点，就是有没有排钻孔。特别是女生的鞋，高的高、低的低，有了排钻孔我们才能合理利用每一寸空间。

鞋凳：即使有了鞋柜，也强烈建议配一个鞋凳，一是刚穿完的鞋需要通风散味再收进柜子；二是家里就算没有老人孩子，坐着穿鞋也会舒服很多；三是包包或者买的东西可以有个地方临时存放一下。

⑤ 书山有路"理"为径

> 曾经有一个记者去金庸先生家拜访后提到，金庸先生的书房是三面到顶的书架，完全是坐拥书城的感觉。这绝对是每个爱书人的梦想吧！可惜生活更多的是眼前的苟且，在北上广有一套三居室已经算是难得，一旦小朋友出生加上老人入住，一间独立的书房就变成了奢侈品，更不要说藏书万册了。所以，接下来，我们就来聊聊书籍的整理。

我和书的故事

受爸爸的影响，我从小就是个爱书的人，也听说过很多藏书家"黄金散尽为收书"的故事。对于书籍，我似乎有一种本能的崇拜和珍惜，总觉得书怎么能扔呢，那可是最宝贵的财富。因为这个想法，六年前我接触到改变人生的一本书《怦然心动的人生整理魔法》的时候，虽然扔掉了 7 大箱衣服，但对于书籍还是无法认真地进行整理。偏偏我家先生比我更爱书，而且因为之前的传统媒体从业经历，家里各种杂志也特别多。

我们自己设计了第一套房子的书房，整整一面墙的书架，宽度 4 米，高度 3 米，底部几格的高度适合放置大 16 开的杂志，上面适合收纳 32 开的图书。

前两年搬家的时候，搬家公司的大哥看到我家书房都要哭了。最后，这些书足足装了一卡车。他们走了，面对满满一走廊需要拆包安放到书架上的书，我哭了。

虽然总觉得书是自己的"命"，但这次我痛下决心——不要"命"了。于是，我开始整理书籍，最后足足处理了一千多本书。而且在这个过程中，我发现自己最喜欢、最心动的居然都是整理类的书籍。由此，我发现了自己的兴趣所在，开始投身于整理，并最终以此为自己的新职业。看来整理物品不仅仅是扔东西这么简单，还是一个认识自己、了解自己的方式。

书房

你是否需要这么多书

不管你有多少本书？我们都先放到一边，先静静地想一想。

①如果房子着火了，跑出去之前你最想拿的东西是什么？

②你最喜欢的书是哪几本？你最多读过几次？

③最近三个月，平均下来你每个月读了几本书？

然后来看看答案吧。

第一道题的答案其实就是你的价值观，也就是什么东西对你最重要。

我和我老公的答案特别一致，就是带着孩子和老人跑出去，当然这也反映了我们家没什么值钱的东西，最值钱的就是人了。

但应该没有人会在逃生的时候带上书，因为遇到火灾的时候大家即使拿也会拿值钱的东西。一般书本身的价值不会高过其他贵重物品，它的价值更多的在于精神世界。

对于像我一样的普通人，通常最喜欢的书不会超过 100 本，因为这里面有个"最"字。除了课本、教材类的书籍，很少有会被打开 10 次以上的书，如果真的能够超过 10 次的话，基本上也都能背下来不少了。在智能手机的冲击下，我们读书的时间和数量也大为减少，据说现在很多人一个月都读不完一本书。

再看看家里藏书的数量，看看有多少本未读的书？或者没有读完的书？在下次买书之前，先把这些书读完吧。其实你真正喜欢、会一读再读的书并不是很多，可是几乎我们每个人家里的书柜都是满满当当的。

现有的书籍如何整理

你可以尝试心动法，先找个地方，把所有的书全部取出来，一本一本地平铺在上面。每打开一本书，问问自己是否会为之心动？诀窍是不要打开翻阅，只看封面就好。

我当时的方法特别简单粗暴，就是问自己以后会不会看，需不需要给儿子留着，按照这个原则，几百本书被第一轮筛掉了。首先被抛弃的是美容、美体类图书，拥有美容知识不等于拥有美丽，锻炼反而能让我们变美，现在手机上的健身 App 非常方便；烹饪类，下厨房一个 App 就够了；育儿类图书，孩子已经长大了，转送给有需要的朋友；留下来的都是经典的，如《红楼梦》《西游记》，还有我觉得将来儿子会爱看的《哈利·波特》和《福尔摩斯探案集》。

未来的书籍如何购买

如果你近期有购书计划，我强烈建议按如下程序操作。

第一步，先去看一下有没有可以在线阅读的电子书。

第二步，如果看了电子书觉得特别喜欢，未来一生都要收藏的，你可以再去买纸质版。

千万不要一时冲动搬一堆书回家，然后没时间细读，让它们在那里落满灰尘。

留下的书籍如何收纳

如果家中的每个人都有自己的藏书，建议在书架上按人分层或者分区，在这个级别下，每个人的书再按类别分。

如何分类？最简单的方法就是按工作、学习、兴趣、工具等大致分一下。如果你家的书籍很多，也可以参考书店或者图书馆的分类方法。

整理和分类之后，我们再根据书籍的数量和类别选择合适的书柜。比较常见的书柜，如宜家的毕利系列，另一款理想的产品是卡莱克系列。要选择其他品牌的书架也完全没问题，只是要注意一下每一层的高度。如果书多空间小，尽量选择搁板可调节的，合理利用每一寸空间。

宜家毕利系列
宽度有40厘米、80厘米两种，其中宽度为80厘米的不适合用来放置过重的图书，否则时间长了容易变形。

宜家卡莱克系列
承重能力比较理想，价
格也比较合理。

读书角
我家小朋友从小喜欢
读书，所以我用了两
个书架组成L型，配上
一把小椅子，就成了
一个小小的读书角。

⑥
终结找东西恐惧症之文件篇

在整理收纳方面，我和我先生的遗传基因都不太好。我妈妈曾经在家里找一份保单找了好几年，我婆婆更是因为把户口本存放得过于隐蔽导致最终只好补办一个才算了事。在没有学习整理收纳之前，我最害怕的事情之一就是我先生问我："你看到我的 ×× 了吗？"之前家里东西的收纳没有条理，一件东西要找好久还不一定找得到，以至于每次他一提找东西我就恐惧症发作，具体表现是头疼、心跳加速、暴躁。尤其是重要的文件或者证件，每次急着要用时催着我去找，真的是"杀心"顿起啊……

如今，每当再听到我先生的那句："你看见我的 ×× 了吗？"我都能马上回答："请到 ×× 房间 ×× 家具 ×× 层拿。"现在家里的物品摆放在我脑子里有一张图，就像导航一样，想找什么东西都很轻松。能做到这一点并不容易，我花了很长时间才搞定家中的文件管理这件事。

分类

文件管理这事你无法规划，特别是证件类，所以我们做好分类即可。

①证件类：就是那些能证明身份的文件或证书。

②资产类：含金量高的文件，如房本、车本、银行卡、存折等。

③合同类：劳动合同、购（租）房合同、保单等。

④发票收据：购物消费的凭证，随着网上购物的增加在减少。

⑤生活用卡：煤气卡、电卡、水卡等。

⑥会员卡：各种美容、美发、美甲的卡等。

⑦说明书：这个都懂的，买东西时附带的。

⑧医疗类：体检资料、病历、就诊卡。

还有一个分类是按时间，具体来说包括短期、中期和长期。

①短期：最近几天马上要用到的文件，我会用大头针扎在软木板

上，提醒自己尽快完成。

利用软木板、大头针管理短期文件。

②中期：基本上以年为单位进行检查，包括合同、护照、身份证、体检资料等，过期失效的就及时处理掉。

③长期：需要长期留存的，如证件类、资产类、生活用卡等，好好收起来。

整理

文件类物品如何整理呢？

①证件类：为了避免发生过期的悲剧，我建议要定期检查，如果发现有快到期的赶紧补办。特别是护照、通行证，如果过期会直接影响出行，尤其要注意。

②资产类：房本、车本不需要整理，银行卡、存折可以减少数量，我曾经花了好几天时间把所有不用的银行卡注销，将储蓄卡和信用卡都

减少到一样两张。

③合同类：劳动合同、购（租）房合同、保单等这些文件定期整理，如果已经过期，记得处理掉个人信息后再扔。

④发票收据：因公发生需要报销的可以每次从钱包取出后单独用一个小信封存放好，工作日下午效率低下的时候可以集中整理。家里的收据发票每周整理一次，如果需要记账就记账，不需要的就粉碎后扔掉。

考虑到票据上一般会有个人信息，建议用粉碎机粉碎。

⑤生活用卡：煤气卡、水卡等，我家是用一个透明小袋子集中收纳放在厨房吊柜里，这个位置离煤气表、水表距离很近，用起来更方便。

⑥会员卡：各种美容、美发、美甲会员卡，现在我基本不办，办了的也是商家要信得过的。其他的卡全部放在微信卡包里，用的时候只要出示手机就好，非常方便。

⑦说明书：现在基本都已经被丢弃了，我曾经用一个大的文件夹保留了几乎家里所有物品的说明书，现在只保留了一个面包机和一个多功能蒸箱的说明书，因为上面有菜谱，很实用。迄今为止已经9年，生活完全没有受到影响。

⑧医疗类：体检资料一般1年后就可以处理了，最近几年，体检报告都是在网上查看，也很方便。病历如果不是慢性病需要频繁就诊的，基本和门诊卡一样每次都可以现场办理。最常去的医院，保留一张门诊卡、一本病历就可以了，其余的也很少用到，就断舍离吧。

收纳

文件收纳很重要的一点就是固定地点存放，最好能固定到每一类物品。

以我家为例，所有文件类实体物品除了煤气卡、水卡和两本说明书放在厨房之外，其余文件都集中收纳在书房。这样，即便我不在家，家人也能找得到。

其中，证件类和资产类的集中收纳在盒子里，这个是对之前整理物品时多出来的旧物再利用。其他的用抽屉或者盒子收纳都可以，但最好能够分层或者使用透明材质的收纳物，以便于查找。

这个盒子，上面三层下面两层，一共五层，刚好收纳了家里公共证件和四
个家庭成员每个人的证件。

拥有类似功能的抽屉柜网上有很多，价格也合理。尺寸一般分为
A4 或者 B4，层数有 3 层、4 层、6 层、8 层、10 层，最多有 15 层。
记得选透明材质的，每层做好标签，用起来会更加方便。

合同、保单和证件复印件等文件类物品因为数量不多，就集中收
纳在一个活页透明的大文件夹中，找起来很方便（每一页放一份文件，
千万不要塞进去很多文件，以免找的时候麻烦）。

透明文件夹

如果要出门的话，推荐两个收纳物品来收纳文件，一个是护照包，另一个是透明材质有拉链的文件袋。

护照包（以出国旅行为例）
将护照、外币、银行卡都收在一起，再配个零钱包，出门都不用带钱包了。

如果家里文件特别多，也可以参考办公室的文件管理方法。用一个专用的文件抽屉，配合文件夹收纳各类文件，记得要做标签以便查找。没有抽屉的用文件挂也可以达到类似效果。

文件抽屉

物归原位

　　当然，所有物品使用之后最重要的就是归位，否则下次再用又找不到了。督促归位的方法除了使用透明文件袋之外，还要定期检查。发现什么不见了立刻寻找，找到马上归位。

小物品整理术

(07)

过日子常用的20件小物品还是放在手边好

在看正文之前大家可以做一做下面的小问卷，你可以把它当作一个对家中小物品管理能力的小测试，请记录10个问题中有多少个你选择了"能"。

①你能1分钟找到家里的剪刀吗？

②你能1分钟找到家里的门钥匙或者车钥匙吗？

③你能1分钟找到空调遥控器吗？

④你能1分钟找到开瓶器吗？

⑤你能1分钟找到电池吗？

⑥你能1分钟找到指甲剪吗？

⑦你能1分钟找到房产证吗？

⑧你能1分钟找到你的证件吗？

⑨你能1分钟找到螺丝刀吗？

⑩你能1分钟找到创可贴吗？

这个小测试你也可以和家里的小朋友一起玩，拿个计时器，测一下找到物品实际花的时间。根据我的调研，小朋友们都很喜欢这个测试。

　　如果所有的东西你和家人都能很快找到，说明你家的规划整理做得很好，那就不用看下面的部分。如果好多东西没能及时找到，请继续花3分钟读一下下面的内容。

小物品收纳的两个原则

　　物品收纳的原则其实很简单，一个是集中，一个是就近。

　　集中原则比较适合那些使用频率低的物品，如客用物品、季节物品、储存用品。

　　我家的纸品储备就是集中在洗手间的塑料抽屉里，按照使用频率高

塑料抽屉

低分成卷纸、抽纸和擦手纸。当使用中需要补充的时候，家人都会来这里找，当库存临近警戒线再下单购买。

不过，更多的物品我还是推荐按照就近原则收纳。

拿买菜举个例子吧。如果有个菜市场，各种食材、调料超级齐全，样样都好，就是距离太远，去一次开车来回要两小时，我敢打赌，这么远的距离，你一年也去不了几次。反之，如果这个菜市场离你家开车只要 10 分钟路程，前往采购的频率就会大大增加。甚至，如果你家楼下就有个菜市场，回家时顺手就买了，岂不是更方便？

收纳的时候，也是一样的道理。"近"真的很重要。

如何才能"近"呢？

我有一句挂在嘴边的口头禅："生命在于折腾。"收纳也是如此。"近"就意味着动线最短，要用的时候就在手边。但可惜，关于"近"没有什么标准答案，因为每个人、每个家都不一样。在收纳这件事情上，如果你不断地尝试，就会不断地有更好的结果。下面我就来个现身说法，分享一下自己的经验和心得。

Coco家20件小东西的就近收纳攻略

No.1 剪刀

剪刀细分为拆快递专用、厨房专用、小朋友文具和花艺专用这么几把。

玄关处建议放置一把剪刀。快递大家都要收吧？你的习惯是把快递盒、包装箱从玄关搬进厨房，拆了之后再搬出来，还是直接在门口拆完，等到下楼倒垃圾时带出去？

厨房剪刀和菜刀、陶瓷刀、小水果刀放在一起，主要用途是修剪青菜和收拾鱼虾。花艺专用剪刀用来为家里的鲜花修枝剪叶。

文具剪刀放在书桌旁边书柜的抽屉里。

No.2 钥匙

家里的入户门应用了指纹识别技术，但家里的车钥匙还需要个"家"，于是可爱的猫头鹰钥匙挂出场了。它的家就在大门上，猫头鹰白天"呼呼大睡"，晚上来上班。偶尔爸爸忘记了，小朋友都会提醒爸爸，你要让猫头鹰"上班"啊。

猫头鹰钥匙挂：开（右图）与关（左图）

TIPS：大门和玄关附近是每天进出的要道，利用各种收纳用品可以收纳钥匙等常用物品。高频使用的物品可以考虑免功能免地点存放。

No.3 孩子的公交卡

我家小朋友没有手机,每次出门都要找公交卡,他又没有随身背包的习惯,总要耽搁几分钟。后来,我在网上发现了这个磁力照片袋,直接贴在门上,既实用又方便。

磁力照片袋

玄关的抽屉柜

No.4~5 口罩&雨伞

我在玄关规划了抽屉柜,家里每人一个抽屉,各自出门会用的东西都放在属于自己的区域(墨镜、手帕、纸、名片也放在这里,需要就顺手拿)。口罩和雨伞,根据当天行程和天气状况来决定是否携带。

No.6 空调遥控器

各种遥控器都集中收纳在一起,夏天因为空调天天用就放在床头柜上,平时放在书架上。

遥控器收纳盒

No.7~8 充电宝&数据线

我在客厅茶几上设立了一个充电站，实际上就是一个支架。每天回家后，我先把充电宝充上电，充满后立即放回外出包包中。这个尺寸可以同时放下一部手机和一部 iPad。我在床头柜上也放了一个，床头柜终于清爽起来。接线板和充电器在下面藏得可好了，不说都找不到。

No.9 开瓶器

所有的厨房小工具，我都集中收在小工具柜里，用后归位。因为我家很少用开瓶器，收在这里也算方便。如果是使用频率高的，也可以考虑放在冰箱附近，甚至可以弄个磁力开瓶器。

茶几充电站

开瓶器

小工具柜

No.10 手电筒

居家过日子难免遇上停电、灯坏了等情况，需要用手电筒，不过现在手机大多有了这个功能，所以就减少一件"可能会用到"的东西了。

No.11~12 电池

我把它们分类后收在客厅角落的小工具柜里。这个小工具柜原来是工业用的零件柜，配上标签来收小物品真的好用。

小工具柜

TIPS：没有工具柜，用两个小收纳盒集中收纳，固定地点，用的时候能找到就可以。

No.13~15　胶带&螺丝刀&插线板

窄的透明胶带多数是孩子做手工用，放在书柜的文具抽屉里。大胶带、螺丝刀和插线板放在储藏室大工具柜里面。螺丝刀和钳子、锤子等工具是一套，这个设计组合真心感觉想不归位都难。

也可用收纳盒集中收纳、固定地点，用的时候能找到就可以。

No.16　指甲剪

我曾经尝试过多个地点收纳指甲剪，最后发现，洗完澡后经常需要给孩子和自己修剪指甲，所以把指甲剪放在床头柜抽屉里最方便。同理，每天晚上睡前会用的护手霜、润唇膏也要收在里面。

No.17　证件

前面讲过集中放到证件抽屉里，用完归位。

No.18　插座转换头

插座转换头在分类上属于旅行用品，我把它收在储藏室旅行用品抽屉里。这个抽屉还收纳了洗漱包、衣物收纳袋等旅行会用到的东西，出门的时候拿出来就能用。如果地方不够用，也可以把这些东西收在行李箱里，反正都是出门才会用到。

No.19　驱蚊液

夏天蚊子多且凶猛，晚上出门时不用驱蚊液的话就会成为蚊子的"美食"。我把驱蚊液放在玄关门口的柜子上，出门前喷一喷就能保护自己。

No.20　创可贴

我家的创可贴通常和碘伏放在一起，有三个存放地点，小朋友的背包里（一直有个急救袋），药物抽屉的急救包里也有创可贴，剩余的收纳在常用药的抽屉里。

背包里的急救袋

家庭急救包

⑧ 美在脸上，"收"在家里

> 说起极简的话题，女生还有一个不好极简的项目就是个护用品。无论是护肤还是彩妆，都需要有不少瓶瓶罐罐来支撑。今天，我们就来研究一下彩妆和个护用品的整理和收纳。

规划

现在只要你打开手机或者电脑，各种关于彩妆和个护的广告、软文简直满天飞。这个时候你就更需要用冷静的头脑做出自己的判断，否则你就会像我一样，交了很多学费不说，皮肤也会因为用了不合适的护肤品而过敏。

为此，我和小伙伴们讨论了一下，还向专业的化妆师请教过，同时也参考了很多文章，初步总结了以下两个流程，分别是彩妆和个护用品。

彩妆

彩妆	步骤1	步骤2	步骤3	步骤4	步骤5	步骤6	步骤7
脸部	隔离	遮瑕	粉底	散粉	阴影	高光	腮红
眼部	打底	眼影	眼线	睫毛	眉毛		
唇部	口红						

个护用品

个护用品	清洁	精华	保养	特殊保养	磨砂
头发	洗发水		护发素	发膜	
脸部	卸妆/洗面奶	精华	面霜/防晒	面膜	磨砂膏
眼部		精华	眼霜		
唇部			润唇膏		磨砂膏
牙齿	牙线		牙膏		
身体	沐浴露		身体乳		磨砂膏
手部	洗手液		护手霜		

当然，每个人的情况不一样。对化妆要求高的可能还会有更多步骤。也有个别美少女只需要清水洗脸即可。想提醒大家的是，其实你真的不需要 500 支口红或是 10 盒粉底，因为东西都是有保质期的，数量过多只会造成浪费。看一下规划表，我们就可以根据自己的需求选择对应的个护和彩妆产品了。

除了品种，还要控制数量。我曾经在出国的时候发现机场免税店的东西比国内专柜便宜，于是大量囤货，结果用不完，很多都过期了。现在，不管什么电商平台大促销，我都能坚持做到个护用品高频使用的用一囤一，低频使用的等到快用完了才补货，毕竟低频使用的产品，如磨砂膏或是发膜，一个月才用几次，根本不需要多囤。

　　彩妆类因为工作原因出门才用，所以我也改为只保留一套了，大家可以根据自己的实际情况做调整。

整理

　　接下来我们一起来整理吧。

　　首先拿出你所有的洗漱用品，找一个桌面或者床面平铺上去，真没想到居然有这么多吧。

　　平铺的时候顺手按清洁、护理分好类，牙齿的护理品在最上面。

　　然后进行整理，每一件都看一下是否超过保质期，如果保质期不清楚或者找不到，就问问自己"最近一年有没有用过？"如果最近一年都没用，很可能以后也不会用。

洗漱用品（整理前）

整理后的16件常用品

收纳

这么多的东西要是摆在台面上是要占很大地方的，好在我早已经把镜子换成了镜柜，采用了按层收纳的方法。

第一层：囤货类，为了防止看不见就忘记造成乱买，特地把囤货一字排开。看完之后觉得最近一年都不需要买了。

第二层：特殊护理类，祛痘水、洁面仪、卸妆膏、卸妆水和面膜都是有需要才用，所以放在这一层。最右侧用亚克力收纳盒收纳了牙刷囤货、剪刀和木梳。

第三层：日常护理，洗面奶、化妆水、精华和面霜（分日霜、晚霜和过敏霜），再加防晒。

利用镜柜按层收纳，关起门来的镜柜什么都看不到，只留一面镜子。

保持浴室整洁的一大法宝就是镜柜。如果没有条件安装镜柜也没关系，你可以用抽屉柜或者万能的小推车来代替。

　　洗发水、浴液因为和彩妆的使用地方不同，所以单独整理了一下。
每个都贴上了标签，这样就不会用错了。

洗护用品的整理

⑨
终结找东西恐惧症之药品篇

> 说起找东西恐惧症，有一个现象很普遍：就是家中有人生病时，明明记得家里有对症的药品却无论如何都找不到，跑出去买回来之后隔两天却又发现了两三盒，苦笑之余你有没有想发誓第二天就要把家里的药品好好整理一下？
>
> 接下来讲讲家里的药品应该如何整理。

规划：按需购买

切记药品不会升值

听说过囤黄金会升值，没听说过囤家常用药会升值。所以，我的血泪教训就是如果您家方圆 3 公里内有 24 小时营业药房的话，常用的非处方药就没必要在家里过多囤放，否则结果多半都是过期后被扔掉。

我一直觉得，如果平时注意饮食、多锻炼，少生病才是最好的，但一些常用的药品还是需要准备，建议只准备最重要、最急需的，数量也要尽量少，能应急就可以。毕竟现在去药店买药很方便，如果真是特别着急，送药服务或者闪送也可以帮忙搞定。

整理：过期就扔

　　药品和食品的整理原则是最简单的，就是过期就扔，特别是过期的药，吃了没效果不说还容易出问题。但没过期的也不是特别建议断舍离，谁也说不好生不生病的事儿，总之还是要准备，但少买最好了。

　　在写这篇文字的时候，我把家里所有的药用"平铺、整理、分类、计算、归位"的五步法进行整理。平铺后发现，药还是不少的。

药品（整理前）

　　整理一下，发现有几种过期的，直接扔掉。之后简单地按外伤、内服、外用分类。

　　外伤药品单独分类，是因为如果出状况时多半会比较紧急，希望很快就能找到。下图依次是碘伏棒、创可贴、液体创可贴、生理盐水、酒精棉签、扶他林、两个疤痕灵和一个急救盒。有的创可贴特别轻巧，弹性好，而且图案很萌，很受小朋友喜爱，受伤后用一个心情也好一些。

急救盒是孩子姐姐送的，里面有消毒巾、创可贴、弹力绷带、消毒喷雾，最底下是一个可以反复使用的贴纸温度计。

外伤药

急救盒

整理后上下依次是内服药和外用药：

第一排：成人和儿童的晕机药（儿童晕机药仅为备用，还没有吃过）。

第二排：针对咳嗽的惠菲宁和沐舒坦，看病时开的，也没有吃过；布洛芬两盒。

第三排：太田胃散和达喜。

第四排：针对喉咙不适的龙角散和口腔溃疡贴膜。

第五排：鼻炎喷雾、两盒眼药水，薄荷吸入剂是针对感冒鼻塞用的。

第六排：正红花油和温感膏贴药。这个膏贴特别好用，一元硬币大小，哪里需要贴哪里。

药品（整理后）

收纳：分类收纳

第一时间找到，这事很重要

我在家中收纳药品有几个原则，首要的一条就是当我想找某种药物时一定是急于使用，所以分类清楚可以帮助我在第一时间找到它们。

药品一定要放在阴凉干燥处，最好固定地点存放，同时也要对小朋友进行安全教育，避免误拿误食。

因为家里的药品数量不多，所以两个小抽屉就能装下。一个放外用药，一个放内服药。

抽屉一：外用药

用了储物格，为了配合抽屉的尺寸，还把边缘部分剪掉了，否则难以完美匹配这个抽屉。碘伏、创可贴放在最外侧，方便拿取。温感膏贴放在最里面。

抽屉二：内服药

尽量把名字露在外面，如果都是外文，请贴个中文标签，
这样家里老人也能看清楚。温度计也放在这里。美林和泰
诺林家里也会准备，不过按照制药公司朋友的建议放在冰箱
里了。

⑩
挥一挥衣袖，这些我都要带走

> 　　徐志摩有诗云"挥一挥衣袖，不带走一片云彩"。可惜，俗世之人如我，如果真有一天要去一个新的地方，我最有可能会带走的就是心爱的纪念品。
>
> 　　接下来，我们就来说说纪念品的整理。
>
> 　　为什么不从规划说起？因为纪念品无法规划，对你有特殊意义的东西更适合用心动法来做整理。
>
> 　　在开始做纪念品整理之前，我建议先从礼品整理入手。

整理礼品要做四分离

　　四分离指的是情感和物品分离、留下的和流通的分离、价格和价值分离、日常用品和纪念品分离。

第一步：情感和物品分离

　　收到礼物的第一时间，首先要感谢对方，无论是谁、出于何种目的送你礼物总是好事。感谢之后，再做情感和物品分离。

　　送礼的人是想你知道他/她关心你、惦记你、喜欢你、爱你。送礼只是个形式，目的是传递情感。收到礼物之后，接受对方的好意，把这份情意记在心里，未来通过合适的方式回报给对方，但需要将情感和物品分开。

第二步：留下的和流通的分离

请判断自己是否需要留下这个物品。这一步需要有一定整理物品的经验，建立了判断的标准才好进行。有时不能马上得出结果，也可以试用一下再决定。比如，你收到了身高 3.4 米的玩具大熊，完全可以在收下对方的心意之后再把玩具大熊流通出去，释放家里的空间。流通的方式也很多，空闲时间比较多的人可以尝试一下利用闲鱼 App；一般有空的可以发个朋友圈，有谁需要出个运费拿走就好；如果特别忙，把它装起来放楼下垃圾桶旁，需要的人会很快把它领回家。

第三步：价格和价值分离

有很多时候，我们不舍得流通不是因为真正需要它们，可能是因为它们的价格贵。好几个朋友提到的永生花，几朵就一两千元，除了摆着看啥也干不了。这时候我们要更冷静地分析，这个东西对我有没有价值，究竟要看重价格还是价值。想清楚之后，你就知道这件物品该去还是该留了。

第四步：日常用品和纪念品分离

比如，结婚戒指，没见谁平时总戴在手上，但留着作为纪念还是必需的。

整理纪念品的小诀窍

拿起一个物品，想一下它的存在是否会给你带来积极的力量，是的话就留下；否则的话，可以和其告别。接下来，具体说说纪念品的收纳。

过去的，集中收纳

人生在世，谁还没点纪念品呢？但是，大学时的校服或者婚纱等平时肯定不怎么穿，所以我们把它们集中收好。可以在储藏室最深的角落里找一个箱子，把这些纪念品洗干净收起来，想回忆的时候能找到就好。

现在的，一盒装之

建议做一个"时光宝盒"，把最近一些拥有回忆的物品放进去，我

这个盒子的好处是侧面有一个开口，门票、电影票之类的从侧面塞进去就好了。盒子比较能装，一直没满，历年的纪念品都在里面，有时打开一看，满满都是回忆。

们家的"时光宝盒"长上图这个样子。

　　旧的不去，新的不来。在处理纪念品这类物品时我们不妨狠一点，留下更多的空间给家人和自己。

房间篇

⑪
三种规划方案，解决玄关问题

> 很多朋友在聊到玄关的时候，第一反应多半是"那不就是个换鞋的地方吗？"呃……深入调查之后我才发现，原来很多户型有玄关但都没有利用好，还有些户型根本就没有玄关。

什么是玄关

有一种说法认为玄关这个词来自《道德经》："玄之又玄，众妙之门。"现在玄关的通用解释是住宅室内与室外之间的一个过渡空间，又被称为"门厅"。今天重点聊聊 100 平方米左右家庭的玄关如何规划。

对于只有一道入户门的家庭，玄关是我们进出住宅的必经之处，它承载了空间转化乃至于角色身份的变化，进了这道门，我们就是为人父母、为人子女的身份；出了这道门，就是上班族或者别的什么身份。经常可以在电视剧里看到主人公回家后第一件事就是放下包、脱掉高跟鞋，然后吐出一口长气，嘴里嘀咕着"回家真好"这样的场景。

没错，在玄关，我们希望体会到的感觉就是"回家真好"。

绝大多数女生在进家门后做的几件事基本都是：换鞋→放包→脱外套，男生往往为：换鞋→放下钱包与钥匙→摘手表。

　　无论是家居设计还是互联网产品设计，都讲究用户的行为动线，别小看上面提到的几个步骤，玄关空间规划得合理与否直接影响这几个步骤进行得是否顺畅，想必你也经历过早上着急出门却无论如何找不到要穿的鞋的悲剧吧。

玄关"深度"的矛盾

　　玄关要解决至少鞋、外套、包包的收纳，但不知道大家有没有想过，鞋柜和衣柜所需的深度是不一样的，两者相差 20~25 厘米。鞋柜深度如果有 35 厘米就可以放一般 45 码以内的男鞋了，但衣柜深度至少需要 55 厘米或者 60 厘米，如果是滑门的还需要加深。

　　怎么破？

　　如果空间小，只能选深度 40 厘米左右的，放鞋的问题能解决，但衣服只能横着放。如果选深度 60 厘米的话，放鞋的空间又浪费了许多。

　　玄关，依据户型、大小和人口恨不能有 36 种变化。

　　别心急，今天我们就按照 100 平方米左右房子的玄关从大到小，为你提出三种空间规划方案。

深度40厘米左右的玄关

两米玄关

　　对于 100 平方米左右的户型，在保证深度 60 厘米左右的前提下，玄关的墙壁能有 2 米的话，真该逢年过节感谢一下当初的设计师，这种设计让"1 米鞋柜 + 1 米衣柜"的完美组合得以出现在你的玄关，如果你不是购物小狂人的话，这种组合甚至可以实现你全部鞋子的收纳。

　　以下图为例，深度 40 厘米的柜子装鞋，如果整个 1 米宽柜子都装鞋，按 10 层算的话能装 50 双女鞋或 40 双男鞋，基本上可以容纳一家三口全部的鞋了。如果层高够，可以选 236 厘米高的柜子，还可以再多装 10 双鞋。

　　另外用高 1 米、深 60 厘米的衣柜装外套，下面配几个抽屉，按常住人口数量每人分配一个，装外出需要的物品，如帽子、围巾、手套、口罩、纸巾等。如宜家特里索衣柜所示。

　　如果家里有小朋友，可以考虑入穆斯肯衣柜。

左边可以把下面的两块搁板拆掉，改安一个低的挂衣杆，让小朋友自己挂衣服。

宜家特里索衣柜　　　　　　　　　穆斯肯衣柜

TIPS：以上两个衣柜都建议把挂衣杆高度下调，目前挂杆高度接近两米，一般女生使用还是太吃力。调至1.8米左右，剩余的空间可以装一块搁板，放帽子和常用的包包。常用的包包可以放到衣服下面的搁板上。

一米玄关

一米左右的玄关应该是最常见的，建议一米宽度的玄关柜配置如下：

高区：一块搁板，放帽子和常用的包包。

中区：一个挂杆，悬挂外套。

低区：最好单配一个可调高度的鞋架，放置当季穿的鞋。

需要注意：如果不能接受鞋子和衣服放一个柜子，推荐用 2 个宽 50 厘米的柜子，靠近门的位置深 40 厘米的柜子放鞋，另一个深 60 厘米的放衣服。

没有玄关

很多户型没有玄关，简单的方法就是利用墙面。

如果万一赶上墙面不能钉钉子，可以考虑在入户门上安挂钩，有强磁、吸盘几种可以选择，至少挂几件外套没问题。

这个鞋柜深度为 30 厘米，如果空间不够也可以换成深度 17 厘米的鞋柜，能装 8 双鞋。再配一组"衣帽架+挂钩"，能解决基本收纳需求。

如果空间还是太紧张，可以考虑带脚轮的晒衣架，秋冬时拉过来，其余时间放阳台上晾衣服。高度可以从1.26~1.75米随意调节。即使家里有玄关柜，来客人时预备一个用也很好，挂几个衣架就可以了。

无玄关房子的解救办法：

①借地：从玄关周围的客厅、餐厅借一块墙面，要点是离入户门越近越好。如果入户门不变，那么可以从客厅的电视墙借 40 厘米或者 60 厘米的空间。

那这样对客厅会不会有影响？一般客厅都在 3~5 米，借用 40~60 厘米对其不会产生太大影响。

原始布局 　　　　　　　　　　借地

②自建：一般没有玄关的户型都是进门就直接看到客厅或者餐厅，从隐私保护的角度看不太好。如果利用玄关柜，收纳的同时解决了以上问题，可谓一举两得。

原始布局 　　　　　　　位置A或B均可选择自建玄关

美观和容量

很多人不愿意在玄关处做大柜子，理由也很充分：玄关是别人对家的第一印象，如果做了柜子会感觉压抑，不美观。于是，为了美观就牺牲了容量。

但是，日子毕竟是自己过的。刚入住没问题，慢慢地有了宝宝、家里来了老人，鞋的数量也在慢慢增加。如果鞋柜容量不足，很容易造成满地找鞋的情况。

　　秋冬季节，风衣或者羽绒服之类的外套肯定不会只有一件，也不可能穿一次洗一次，这些衣服都要有地方安置。

　　解决办法：要么少买买好的，控制鞋、衣服和包包的数量；要么寻找合适的位置，放置鞋柜和衣柜。希望每个人家里的玄关都能达到美观和容量的平衡。

⑫ 五大主角重新规划你家的客厅

说起客厅来，好像是我们自己的专有叫法，因为在国外，通常叫作 living room，直接翻译过来就是起居室，是一家人休息、聊天、活动的地方。这样说来，我们需要的其实不是"客"厅，而是"家人"厅。"家人"厅应该如何规划呢？

我们需要的不是"客"厅，而是"家人"厅

我觉得"客厅"这个区域的名称直接影响了它的功能。在中国，大家觉得既然是客厅，就是给客人准备的，所以必须有个沙发，最好还是"3+2+1"的那种，越大越显得气派。

事实上，每天我们和家人都在家里进行各种活动，除了洗澡、如厕这种比较私人的事情自己一个人进行之外，我们还会一起吃饭、一起喝茶、一起读书、一起玩耍等。毕竟家中高朋满座、胜友如云的日子一年也就过年过节那么几天。所以，我们需要的其实不是"客"厅，而是"家人"厅。既然是家人厅，那我们该如何规划呢？为此，我特地总结了客厅规划的五大主角。

客厅规划的五大主角

主角一：储物柜

建筑师逯薇老师家的客厅有整整一面墙的储物柜，绝对是客厅的主角。虽然保留了"电视＋沙发"的传统布局，但是在收纳能力上相当于 100 个登机箱的容量，收纳了全家所有的公共物品，堪称柜子里的"战斗柜"。因为这个收纳柜的存在，沙发、茶几区域才得以保持长久的清爽与整齐。

图片根据逯薇老师分享的照片绘制

主角二：书

我有一个朋友，她家的客厅让人叹为观止，全部都是书。与众不同的客厅会有与众不同的生活，该朋友就是坚持给儿子每天做早餐 N 年的美食达人豆娘。

豆娘家的客厅

主角三：沙发

还有一个朋友，一家四口人都酷爱喝茶和看书，也特别喜欢和好朋友面对面聊天。她把家里的客厅改成了这个样子：一组双人沙发是两个娃的，对面是两个类似《老友记》里面的懒人沙发，手边就是书和茶。我感觉这样面对面地坐着，一盏清茶，两个人可以舒舒服服地说说话。

可以好好聊天的客厅

主角四：大桌子

　　为了配合小朋友上学，我将餐厅改造成了书柜 + 大书桌的形式，发现用起来真是很舒服。

一张大桌子，可以用于工作、学习、看书、画画、写字，即使来10个客人吃个大餐也毫无压力。

主角五：游戏区

客厅主角是游戏区的朋友，大部分是因为家有萌宝。小朋友开始爬行的阶段，家里需要比较大的空间充当运动场。这个时候，茶几就会靠边站或者被断舍离，电视基本上也是小朋友看动画片或者他们睡着之后才会打开。

如果希望视野清爽，可以在规划时注意两点：

一是游戏垫、爬行垫尽量选择无图案或者少图案的款式，颜色清爽简单。

二是可以考虑用一些家具对游戏区进行分隔或遮挡。我帮客户做的规划方案执行后，从玄关进入客厅，看到的是一个干净清爽的空间。但秘密藏在那个巨大的单人沙发后面，靠近窗户阳光最好的地方有一块空地是小朋友的游戏区。

TIPS：考虑到老人或者其他人有看电视的需求，也可以在他们的卧室里安装一台电视机。

颜色简单清爽的游戏垫

五步整理法

用家具遮挡游戏区

选择好客厅的规划方案，下一步就是整理留在客厅的物品。整理的方法大家可以选择心动法或者五步法，对于在客厅使用的药品、文具、工具这些公共物品，可以尝试用五步法进行整理。

平铺：将客厅所有区域的物品平铺放在桌面或者地面上。

分类：将需要留下的物品分类，如书籍、文件、药品、工具、玩具等。

整理：筛选一下，旧了、坏了、过期了的，可以直接扔掉；同类物品太多的话，也可以考虑只保留最常用的。

计算：根据分类后的物品数量配置合适的收纳空间和收纳工具。

归位：确定好物品的位置后放好，最好写个标签，便于今后用完放回。

三个要点打造清爽客厅

第一，确保规划出足够的收纳空间，最好能达到使用面积的 12% 以上。也就是说，如果您家客房是 20 平方米，至少应该有 2.4 平方米以上的收纳空间。如果你不喜欢高的柜子，那也可以按同体积分散为几个矮柜。客厅是公共区域，全家人都在这里活动，如果物品没有地方收纳，就会造成茶几、沙发和地面的混乱。

第二，配置合适的家具。不同的物品有自己的特点，比如书柜适合装书和文件，玩具可以考虑专门的玩具柜。

第三，使用合适的收纳工具。小朋友的玩具分几个大类就可以，类别太多、太细他们记不住，也不利于今后的归位和管理。使用轻便的收纳盒可以让小朋友自己动手拿取，收纳工具建议白色或者半透明、无图案，最大程度降低存在感。

当然，每个人的客厅和每个人的生活都是不一样的，最重要的是你和家人拥有一个属于你们自己的温馨客厅。

⑬
如何打造睡眠、阅读、工作三合一的卧室

一张图了解自己需要的家具

睡眠区

既然是卧室，肯定要有睡眠区。睡眠区最主要的用处就是睡觉，必须要有的就是床、被子、枕头。

如果再想想每周、每个月、每个季度的生活，你会发现，睡眠区还有一个场景就是床品的更换，即床单、被罩和枕套要经常清洗，外加换

季时冬天厚被子、夏天薄被子的交替使用。如果你家空间够，有专门的地方收纳床品最好，但如果房子小、物品多，床品无处放，可以考虑带储物功能的床。推荐使用带抽屉的床，毕竟床单、枕套要经常换，拿起来方便。

带抽屉的床

　　但如果空间窄，抽屉拉出不方便，也可以考虑气压床，就是加了床垫以后想抬起来需要点力气。

气压床

　　除了单纯的睡觉之外，很多人包括我在内都会坐在床上看书，那么伴随而来的就需要有阅读灯、充电器、插座，还需要放水杯。为此，如果有一个床头柜会方便很多。

床头柜有万千选择，但谨记几点：

①高度和床的高度接近，用起来会更方便安全。

②根据自己的喜好选择封闭式或开放式。封闭式可以收纳各种物品，显得整齐美观；开放式使用方便，但需要经常打扫。

封闭式床头柜　　　　　　开放式床头柜

现在很流行在床头两侧墙上设置阅读灯，这样确实可以减少床头柜的拥挤。但也有一个问题，就是除非床的位置一直不变，否则未来若为了加一张婴儿床，想要移动 10 厘米都可能成问题。

阅读灯

阅读区

　　喜欢读书或追剧的人，都希望能有一把舒服的椅子。特别是在阳光灿烂的时候，晒晒太阳、看看书，幸福感会油然而生。阅读区，一盏落地灯外加一把扶手椅和脚凳，再配一辆小推车放点水果、零食和茶水，简直不要太完美了。

阅读区

工作区

自从我开始从事规划整理工作，每天写公众号、给客户做规划方案，都离不开电脑。其实家中房子的北面有一间书房，大书桌、大书架齐备。但问题是到了冬天，房子的北面和房子的南面温度要差好几度。于是我毅然决定在卧室里放了一张小电脑桌，并配置了一把凳子，加上阅读区的小推车，工作的时候晒着暖

工作区

暖的太阳，感觉幸福多了。用完了把凳子推进去，最多占用不到 1 平方米的面积。

麻雀虽小，五脏俱全。卧室虽小，经过我们的精心布置，一样可以打造出舒适的使用空间。

⑭
有朋自远方来，客人住哪儿

> 　　孔子说过："有朋自远方来，不亦乐乎？"我的问题是："有朋自远
> 方来，咋住？"
> 　　每逢春节或是其他长假，除了部分出游的朋友，也有相当一部分人
> 会回老家或者在家招待亲友。那么下面我们就来说说"客人来了住哪儿"
> 这个话题。

浪费的客房

不知道大家是不是和我一样，家里有一个房间叫作"客房"。

既然叫客房，说明不是天天有人住；而且，肯定要给客人布置一张床。

朋友家房子是两室一厅，其中一间是主卧，另外一间客房专门给老人布置了一张 1.5 米 ×2 米的美式双人床，这张床加过道，客房妥妥地被占满了。

那么，客房应该如何规划呢？

人和时间

既然要规划客房，那我们先来看看客人都是谁，需要住多久。两个要点就是人和时间。

首先，我们要看来住的人是谁。如果是亲爸亲妈、公公婆婆、兄弟姐妹或者关系很近的朋友，多半还是要在家里住。尤其是长辈，一般不太能接受住酒店。

其次，看使用的时间。如果是长时间使用，一年中有超过半年的时间被使用，那还是以床为主。

如果只是偶尔住几天，就真的没有必要专门备一间客房，完全可以启用应急方案。

应急方案

最省事的方案当然是打地铺。不过建议把床让给老人，地铺还是年轻人睡比较合适。

如果不是夏季，直接睡地上恐怕会着凉，可以打开思维，只要是能垫在下面的东西都可以用，地毯、瑜伽垫、野餐垫、小朋友的游戏垫也可以隔凉防潮。

榻榻米垫子也是一个可行的方案。同样可折叠，节约空间，大小正好够一个人睡觉的。

如果想舒服一些，还可以上个折叠床。如果只是偶尔用，也可以向周围的人借一下，否则买了之后长期闲置还占地方。

当然，如果不是老人，请客人住酒店也是个好主意。价格方面丰俭由人。无论如何，这也比买一间客房长期闲置便宜多了。

从长计议，是否需要多一间房

当然，是否需要多一间房这件事，我们要从长计议，这里面需要考虑的因素太多了。

首先，未来是否有要孩子的计划？是否准备要二胎？我们小区的 8 家邻居组团上过电视台的一档节目，当时不少人表示要丁克到底，结果目前 5 家有孩子，其中 3 家都是两个娃。如果要孩子的话，你最好预备 3 个卧室。因为孩子来了，随之而来的就是双方老人或者保姆。

其次，双方父母未来是否需要过来长期居住？特别是老人年龄大了、身体又不好的时候，作为子女，有能力的情况下最好是在家里附近买房或者租房。所以，是否多一间房还要看经济条件是否支持。

规划得当，也完全可以把客房和其他房间的功能合并在一起。

客房和书房在一起

有的朋友是将客房和书房的功能合二为一了。

书房兼客房

　　几个书柜、一张"客房神器"、一张书桌，简单又好用。有的人可能会担心，如果家里来了客人又要用书房怎么办？其实完全不用担心，家里来了客人肯定要陪着客人一起吃饭、聊天，就算要加班，现在的笔记本电脑也完全可以让你在餐桌甚至床上使用。

客房和衣帽间一体化

　　大部分人家里的衣柜都不够用，很多女士都梦想着有一个大大的衣帽间，其实完全可以利用客房改造一下，前提是预留好床的空间，再在周围安放衣柜。

衣帽间兼客房

推荐"客房神器"——宜家汉尼斯四用床。

宜家的"客房神器"汉尼斯四用床,可坐、可单人用、可双人用、可储物,平时配上靠垫还可以当沙发,客用的床单、被罩都可以收在下面的三个抽屉里。

如果客人多,还可以拉出来变成双人床。

客房和儿童房二合一

如果家里房间比较紧张，还有个思路就是把儿童房和客房结合在一起。小朋友一般喜欢爬上爬下，如果是家中老人住的话，和孩子的作息时间也更接近些，所以也可以在儿童房设计高低床或者在高床下面预留一张沙发床给客人临时使用。

儿童房兼客房

家中无客房

还有很多朋友家里由于各种原因没有设计客房，但也难免会遇到亲朋需要留宿的时候。

　　一般第一个上场的就是沙发，客厅或者其他房间里的沙发都可以应急用。如果使用折叠的沙发床，可以节约不少空间。

　　如果有榻榻米区域的话，也是个不错的选择。

可折叠沙发床（关闭）

可折叠沙发床（打开）

在窗前区域设计一个榻榻米角落，左右两侧放上收纳柜，再加上底部空间，收纳功能就非常强大了。平时可以供小朋友玩耍、学习，客人要留宿还可以充当临时客房。如果顾虑隐私问题，可以在边上加装一道帘子或者放一个屏风。

⑮
儿童房规划，妈妈说了并不算

身为一个 12 岁男孩的妈妈，我必须坦承：我在儿童房的布置上走过许多弯路。早在怀孕的时候，母爱爆棚的我就早早布置了一间儿童房，结果从孩子出生到 4 岁压根儿就没用上，后来为了吸引小朋友自己住，又花了一万多元按他的喜好购买家具重新布置。好不容易等到孩子可以自己住了，给他设计的游戏区孩子又不感兴趣，只好硬生生在客厅里挤出空间。要不是后来走上规划整理的路，估计我还会搬个学习桌塞到孩子的小房间里去呢。

我做了个统计，发现自己提供过上门整理和规划咨询服务的客户目前已经有三百多家了。在看过这么多客户的家和自己的家之后，下面我真诚地来和大家分享一下儿童房的规划。

根据我的经验，儿童房规划最重要的一点就是适合孩子。

不管我是多么爱我家孩子，我始终清楚地记得所有的相聚都是为了分离。我今天所做的一切，都是为了他能健康快乐地成长为一个独立的人。我和他爸爸可以帮助、可以引导，但不能替代。

每个孩子都是独立的个体，有自己的需求。我之前就是太过主观，把自己认为好的东西一股脑儿地塞给他。但现在，我更多地会问他"你想怎么样？"然后在合理可行的前提下尽量配合他。

儿童房五大功能区域

传统的儿童房一般都是床 + 衣柜 + 书桌，有地方的还要塞个钢琴进去，但真的好用吗？

或者今天我们一起换个思路，从小朋友的实际需求出发来看看。

既然提到规划，就不得不说和小朋友密切相关的五大功能分区，分别是：

睡眠区：即睡觉的区域。从我当妈的经验来看，儿童床还真不需要太大，1 米宽就足够了，太大了反倒让小朋友满床滚来滚去，睡不踏实。

收纳区：主要是满足衣物、床品的收纳需求。

阅读区：为了培养孩子的阅读习惯，建议单独规划一个区域。

学习区：一般是孩子们上小学以后写作业的地方。

游戏区：小朋友玩玩具的专属区域，能容下 2~3 个小伙伴一起玩的话比较好。

最理想的方案当然是一个房间把所有功能集合在一起。可惜，房子不仅没有那么大，最关键的是小朋友不买账，有时还会出现其他问题。我们还是好好了解一下各个年龄段的孩子有什么需求吧！

阶段一：0~3岁，儿童房=主卧+客厅

分区："睡眠＋收纳"在主卧，"阅读＋游戏"在客厅

在我国孩子从小就独自睡一个房间的不多见。我儿子从 4 岁半开始自己单独住，在幼儿园里都算早的。所以，在此我老老实实地告诉大家，独立的儿童房不用太早布置，需要时随时动手即可。相反，从孕期开始就应该研究一下主卧如何规划才能多睡下一个小孩更重要。

既然孩子在主卧睡，洗澡、换衣服也肯定都在这里，所以预备一个小的抽屉柜（推荐汉尼斯多平柜）或者在衣柜中划分出一块专门的区域给他会更方便。

小床+抽屉柜

崔玉涛医生也提倡妈妈和孩子"同房不同床"，所以有一张可以和大床拼接在一起的婴儿床还是很有必要的，特别是母乳喂养的时候，喂完奶拍个嗝，放到小床上。妈妈不用担心睡着了会压到孩子，自己也可以休息得好一点儿。

汉尼斯多斗柜

孩子的衣服可以简单地分成四类：

外套类：基本就是秋冬的外套、羽绒服、连体服之类。这类一般是妈妈根据天气添加。

小物品：袜子、内衣裤、睡衣、口水巾等。

上衣：贴身穿的 T 恤、打底衣服等。

下装：长裤、短裤、裙子等。

按类别放在不同的抽屉里，配合站立折叠法既好拿又好找。

一组储物柜就可以将全部的玩具分类后收纳。轻松打造一个干净、整齐、清爽的儿童游戏区域。

客厅布置案例
这是一间长680厘米、宽450厘米的客厅，针对7岁以下的孩子

最常用的改造方法之一：增加储物空间

阶段二：3~6岁，独立的儿童房

分区："睡眠 + 收纳"在儿童房，"阅读 + 游戏"在客厅

3 岁以后，我们就可以润物细无声地进行分房教育。其中，儿童房的布置是关键，能够投其所好成功率会大大增加。这时候的儿童房可以考虑配置"床 + 衣柜"。为啥没有玩具和书呢？且听我慢慢道来。

分房后，很多妈妈（也包括我本人）特别欣喜地认为迎来了自由的日子，可以不用在黑暗中戴着耳机追剧，可以和老公用正常音量说话，随后我们通常都会想把玩具也放在儿童房里，这样就算乱，也只是乱一个房间，整个客厅不会乱了。

事实证明，我们高兴得太早了。

孩子虽然独自住了，但在玩的时候还是拒绝一个人在自己房间玩。我还给孩子布置了一个游戏室，但是没有用，除非你一直在他的房间或者在游戏室陪着他。

想来想去，其实客厅还是最好的地方。一是有个沙发你还能坐坐；二是他玩的时候你好歹还能吃口饭；三是有别的小朋友来玩的时候，远远照看一下就好，不用尴尬地听着孩子们高分贝的声音。从 3 岁以后，小朋友一般都上幼儿园了，我们终于"收复失地"，再次成为客厅的主人。

不想客厅看起来太乱？简单！想办法把游戏区藏起来。同一个空间划分游戏区和非游戏区。

具体操作：用沙发或玩具架隔开。

规划好玩具的分类和位置之后，可以慢慢培养小朋友的习惯。

这是一个清清爽爽的客厅吧，奥秘在玩具架背后。

客厅里阳光最好的位置，毫不吝啬地拿出来给孩子用。大约2平方米的面积，小朋友可以好好玩耍。

玩完之后，如果爸爸妈妈某天实在累得没力气收拾，就偷个懒，反正在客厅那边也看不到。

　　阅读区为什么不放在儿童房里面呢？我的想法是玩耍和阅读都很重要，如果客厅只有玩具，看书反而要去儿童房，那很容易让小孩子只玩不看书了。如果把书和玩具放在一起，动、静就能结合起来。如果睡前讲故事，带一两本书过去就可以了。

位于客厅的阅读区

阶段三：6~12岁，学习区域在哪里

通常小朋友到了 6 岁左右就要做上小学的准备了，这时候大家一般会给他们预备一张学习桌放在儿童房，我家则是准备了张大桌子放在客厅。那会不会太吵呢？其实还好，当时这样做的原因有三点。

一是小朋友回家开始写作业的时间一般是放学后 4 点多，那个时间我要么工作、要么做饭，他在客厅我们方便交流。

二是小朋友刚上学，需要养成良好的学习习惯，但我又不想像一个监考老师那样搬把椅子坐在旁边，而且很多时候我也在忙着工作，所以一张大桌子成了最佳选择。他写作业，对面的我忙自己的事，抬起头来就能互相看到，他有问题我随时解答。这种情况更多的是陪伴而不是监督。

三是客厅相对比房间里热闹，可以变相地培养他的抗干扰能力。

这个方案目前已经施行一年多了，一切顺畅。小朋友放学后先写作业后吃饭，我就算出差不在家，问题也不大。

在他开学前，我为他的衣柜做了规划，把能挂的挂起来，连叠衣服的时间都省了，找起来也很方便。下面的悬挂区是按他的身高设计的，放当季要穿的衣服。开学后，每天早上他自己找衣服 1 分钟就搞定。衣柜上面他够不到的区域我来管理，放非当季的衣服。

孩子的衣柜

阶段四：12岁+，尊重孩子的选择

问问孩子"你想怎么办？"

估计小朋友小学毕业后（当然也可能提前），也就是快进入青春期的时候，会更多地需要自己的私密空间。到了那个时候，我会搬出规划整理界最有名的那句话："你想怎么办？"只要小朋友提出的方案合理可行，我们就按他说的办。

⑯
餐桌桌面无物的高性价比方案

大家应该都看过不少家居美图，很多时候看看也就罢了，因为真实生活中很难长期复制。但有一个地方除外，就是我家的餐桌。虽然历经多次迭代升级，但我家的餐桌一年365天天天如此，绝非摆拍。你可能会好奇是如何做到的？接下来我就一一介绍。

我家的餐桌

调查一下，餐桌上到底有哪些物品

你可以看看自己家的餐桌上都有哪些东西？

一般来说，应该有以下几类：

①水杯、茶杯杯具类：就算每人一个可能就 3~4 个了，然后还可能有保温杯也随手放在这里了。

②茶叶、咖啡冲饮类：这类有可能不止一种。

③水果、酱料食品类：水果、点心、饺子醋、辣椒酱、零食等。

④纸巾、锅垫清洁类：餐桌上肯定需要纸巾，锅垫、抹布也有可能出现。

⑤电器类：电热水壶、咖啡机、微波炉、吐司炉等。

⑥婴儿用品类：奶粉、奶瓶、消毒锅一般是标配。

⑦其他类：顺手放在这里的各种物品。

现实情况就是：餐桌上放这么多东西，不乱才怪！

整理物品，遵循是否天天都用的原则

餐区作为每天高频使用的区域，如果要放东西也建议放最常用的。毕竟还有冰箱和橱柜等地方可以作为储存区，所以我们先整理再收纳。

①水杯、茶杯杯具类：每人 1 个最常用的水杯，其余收起来。如果是特别爱喝茶的，建议客厅找地儿放茶台，因为这需要一个比较大的平面。

②茶叶、咖啡冲饮类：也是先挑最常喝的，其余放储存区。

③水果、酱料食品类：水果可以每种留 1~2 个常温随时吃，其余有需要进冰箱的进冰箱。点心零食开封后需要尽快吃的放餐桌边，其余集中放储存区。辣椒酱可以看说明，需要冷藏的进冰箱，用时再拿。

④纸巾、锅垫清洁类：纸巾可以留着，锅垫可以和锅放在一起。其他清洁类物品收在水槽边晾干更卫生。

⑤电器类：挑出天天用的，不常用的进厨柜。

⑥婴儿用品类：这里其实可以思考一下是否一定要放在餐区，因为根据我的经验，婴儿一般都是在床上喝奶比较多，添加辅食后慢慢会变成早晚喝奶，有可能的话在卧室放相关物品会更方便。放餐区也没问题，反正过阵子孩子大了就不喝了。

⑦其他类：让它们各回各“家”吧。

筛出最常用的物品之后，我们就可以开始规划了。

规划先行，根据需求定形式

我知道有些人靠勤劳就可以做到用完以上所有东西再放回厨房，但是，估计一般人下班回来吃完饭已经累瘫，很难长期坚持。

逯薇老师的餐边桌方案真的很惊艳，但因为需要改电线感觉需要重新装修一次才好实施。有没有快速简单的方案？我斗胆想了一个，大家可以看看是否可行。

思路就是如果想餐桌桌面无物，我们就要把这些东西放到餐桌以外的地方，而且是越近越好，因为吃饭的时候没有成年人愿意跑来跑去，这和冬天大家不愿意离开暖和的被窝是一个道理。

如果想要收纳以上 7 大类物品，感觉需要一个又窄又长高度合适还要能装的柜子。

①无论是微波炉还是电热水壶都需要摆在台面上，还没算其他电器，所以台面长一点更好。

②餐区的空间虽然比厨房要宽敞一些，但也绝对没有宽敞到可以随便挥霍的程度，所以深度要浅，40 厘米左右为佳。

③消灭高度差这里也同样适合，如果能和餐桌一样高就完美了。

④除了电器类，其余东西都要装进去。

⑤既然是低成本改造，太贵的就算了。

经过多次实践，基本符合以上要求的 DIY 餐桌柜闪亮登场了，宽（从左到右）147 厘米、深（从前到后）39 厘米、高（从地面到柜子平面）77 厘米。

经过DIY的餐桌柜

桌面无物的高性价比解决方案：餐桌柜

我知道有人会说，就上面这样的柜子，看起来很一般啊。别急，听我慢慢道来。

先规划一下，上面这个柜子怎么用。

台面	电热水壶、杯子	电饭锅	水果、零食	微波炉
第一层	咖啡、茶叶冲饮品	自由	自由	筷子、勺子、叉子
第二层	牛奶、麦片	囤货	囤货	酒水饮料

说明

①微波炉和电饭锅摆在餐桌柜上便于散热，盛饭热菜也很方便。

②电热水壶、凉水瓶和水杯也可以放在上面，喝水非常方便。

③水果看到才有机会被吃掉，所以建议放个水果盘。

④还可以放个篮子，我通常叫它"快吃篮"，放的是需要尽快吃掉的东西，特别是开封的零食点心之类。

⑤水果盘也可以和快吃篮合并，给电热水壶、水杯腾地儿。

对照一下上面的物品分类，除了婴儿类之外都能收纳，还多出 6 个格子的空间，其中两个规划放牛奶、麦片和酒水饮料了。

黄金组合，配合餐桌使用更方便

这个设计可以直接配合一个餐桌使用，当时是利用了长 100 厘米，宽 60 厘米的旧书桌，但组合在一起还挺合适，餐桌小点儿问题也不大，一家人吃饭的时候气氛更热闹。

吃饭的时候一家四口围坐，盛饭、热菜都不需要移动，拉开抽屉筷子、勺子就在手边，简直不要太方便！

收纳用品：只选对的，不选贵的

柜子有各种配件，大家可以根据需要自选，我推荐的组合自带两个抽屉，适合装零碎的小物品。

第一层用来装餐具。　　　　　　　　　第二层用来装刀叉。

为了使用方便，可以配几个收纳盒，这样就达到了类似抽屉的效果，需要用什么就拉出来。这个用下来感觉最结实且方便擦洗。

当然，你完全可以换更好、更贵的，但只要配上餐桌柜，你就可以拥有一张只放鲜花和纸巾盒的桌子并且还可以长期维持这种状态。

适合你家的方案

以上仅是我个人的推荐，各家情况不同，大家可以灵活参考。其他符合你家需求的柜子也可以，请务必注意以下几点：

①高度：柜子台面高度最好和餐桌高度一致或者接近，使用起来安全方便。

②底部：柜子如果和餐桌无缝对接，被餐桌挡住的部分也可以不做门，因为有餐桌椅遮挡，其实露出来的部分不多，有门反而使用不方便。

③抽屉：如果能够在台面下第一层配几个小抽屉是最理想的，可以把餐具、纸巾等收进去。如果没有也没关系，用一个尺寸合适的托盘或篮子保证物品不乱且拿取容易即可。

④台面：如果有预算，台面可以选择带橱柜的台面，这样好清洁、易打理、耐高温。

⑤吊柜：如果有需要也可以增加一组吊柜配合使用，储物能力将大大增强。

理想的餐桌柜

⑰
规划让你的厨房由小变大

说起厨房规划，大家的第一个反应肯定是"取—洗—切—炒—盘"的动线吧！简单地说，烹饪的过程就是取出食材—清洗食材—加工食材—烹饪食材—食材装盘。这个动线如果不合理，做个饭能把人累坏。

此外，大家也会想到U型厨房吧。现在又推出了最新的深U型厨房，我看了以后，口水流满了键盘。再看看自己家的厨房，恨不能拆了重新装修。这也就是说说而已，因为厨房涉及全家人的一日三餐，里面有水、电、煤气，不是你想换就能换的。

所以，深U厨房、中岛、大厨房的梦想我们也就是想想。还是来看看我们如何在不花钱或者少花钱的情况下把我们的厨房由小变大呢？这才是我们要研究的课题。

如果我们的厨房台面、墙面无物或者少物，我们就可以在炒完菜之后花几分钟把台面、墙面擦一下，当然就容易拥有一个干净又不需要花大把时间打扫的厨房了。

可是，厨房台面无物？这怎么可能！其实，如果能把台面上的物品收纳到合理的地方，台面上不就没有东西了吗？所以，接下来我们要讲的就是关于厨房物品的规划、整理和收纳。

厨房物品规划

说起厨房，堪称是家里物品种类最多的地方。一般的衣柜里都是衣服，最多加点床上用品、饰品什么的；一般的书柜也都是书籍和文件。只有厨房，吃的、喝的、五谷杂粮、油盐酱醋，外加各种小家电，中餐、西餐的各种食材和配料，想想都令人头疼。

那么，如何才能把这些东西规划好呢？

常见的厨房物品

分类		项目	描述
清洁	1	盆	洗菜、洗米、洗肉、洗水果
	2	洗涤类	洗涤剂、洗手液
	3	垃圾	
	4	围裙	
	5	手套	
	6	厨房纸品	
	7	抹布	
餐具	1	碗	饭碗、面碗、汤碗
	2	盘	
	3	筷、勺、叉、刀	
	4	碟	
	5	杯	水杯、茶杯、咖啡杯、酒杯
	6	保鲜盒、饭盒	
	7	水壶、保温杯	
	8	客用餐具	
饮食材料	1	米面	中餐面粉、面条等
	2	杂粮	黄豆、绿豆、黑豆
	3	干货	木耳、蘑菇等
	4	蔬菜	进冰箱和不进冰箱两种
	5	水果	
	6	西式早餐食品	面包、蛋糕、麦片等
	7	零食	坚果、饼干、巧克力等
	8	酒水饮料	牛奶、咖啡、茶、酒等
调料	1	中、西餐烹饪用	
	2	中、西餐用餐用	
烹饪	1	锅	
	2	炒菜铲、勺子	锅勺、汤勺、漏勺
	3	菜刀、菜板	
	4	中餐小工具	削皮器、擦菜板、葱蒜工具等
	5	西餐小工具	水果工具、吸管、冰淇淋勺等
小家电	1	高频使用	电热水壶、电饭锅、微波炉
	2	低频西餐使用	烤箱、面包机、厨师机等
	3	低频中餐使用	豆浆机、果汁机、火锅等
烘焙	1	面粉	高筋粉、低筋粉
	2	辅料	奶粉、糖粉、砂糖
	3	模具	蛋糕模具、饼干模具、面包模具
	4	工具	秤、量勺、打蛋器、刮刀等

如果你有兴趣，可以自己分类，如果你想偷个懒，可以直接来我这儿看现成的。

看花眼了？那我给您个简略版，只要你家有水槽、备餐区、灶台和架子区，这个方法就能用。

我们按照用途把厨房物品分类：

①洗刷用的清洁类物品。

②吃饭用的筷子、勺子、叉子、碗、盘等，喝水用的水杯、茶杯等。

③等着被我们吃掉的食材类。

④帮助食材调味的各种调料类。

⑤烹饪用的锅、勺子和铲子等工具类。

⑥电饭锅、微波炉等小家电类。

⑦烤蛋糕、烤面包的烘焙类器具。

如果你不碰烘焙，恭喜你，少了一大类。

接下来我们要整理的是一个比较大的厨房，也许有的朋友家里厨房没有这么大（如：迷你型厨房、标准型厨房），但没有关系，因为厨房不论大小，只要有冰箱、水槽、备餐区、灶台或者其他角落，就可以按以下分类把物品收纳整齐。如果厨房足够大，有富余的空间，可以再根据物品多少，配置专门的区域给多的物品即可。

厨房常见分区及其物品的收纳

分区	储存区	清洁区域	备餐区域	烹饪区域	小家电区域
位置		水槽		灶台	角落
上柜上层		酒杯	干货	抽油烟机	不常用电器
上柜下层		水杯、饮品	餐具		常用电器
墙面	冰箱	搁架			水果、蔬菜
台面		水槽	菜刀、菜板	灶台	牛奶、饮料
地柜上层		盆	五谷杂粮	炊具、调料	烘焙用品
地柜下层		清洁用品	米面	常用锅	备用食材

迷你型厨房

标准型厨房

厨房物品规划的原则：

①就近：位置要就近，比如水盆收在水槽下，锅收在灶台下，离得近，用起来会更方便。

②集中：分类后同类集中便于使用，也方便掌握物品的数量，比如粉丝已经有两袋，最近就不需要购买了。

③站立：无论是锅、盘子还是其他东西，争取都站立收纳，拿取方便。

④无物：如果想 5 分钟清洁厨房，尽量将物品收纳在柜子或抽屉里面，台面、墙面少物或者无物。

⑤头要"轻"，脚要"重"：就是轻的东西放吊柜，重的东西放地柜。

⑥区分客用、备用、不常用：厨房空间小、物品多，只留最常用的，客用和备用物品另外找地方存放。

厨房物品整理

首先把所有物品取出来放到地面上，按照之前的分类，同类物品集中起来。

一看：看是否过保质期。瓷器如果有破损千万不要使用，特别是家里有小朋友的，容易划伤他们的手和嘴。干货要特别看一下是否坏了。

二分：先把客人用的物品单独拿出来，再根据喜欢和常用两个标准把物品进行四分，最好将常用物品收到橱柜最顺手的位置，喜欢、常用的物品和客用物品集中收纳，不喜欢、不常用的拿去流通。

三算：计算需要收纳的物品数量，并根据之前规划的位置配置合适的收纳工具。

四放：利用收纳工具将物品放到规划位置，并记得每次用过之后再放回来。

厨房物品收纳

清洁类

说到清洁类，不能不提的就是各种洗菜、洗米、洗肉、洗水果的盆。因为每次洗东西都需要用到，直接放到水槽下会更方便。水槽下推荐放不怕湿的东西，如果下面有小厨宝，还不能放怕热的东西。

为了充分利用空间，可以使用水槽架，价格在 30 元左右。

改造前　　　　　　　　　改造后

在此推荐双底面洗菜盆，可以直接沥水，洗米、洗菜都很方便，价格 30 元左右。

双底面洗菜盆

洗涤类

各种洗刷的东西，有的一天用好几次，我们叫高频使用的物品。如洗碗巾、抹布、擦手巾等。这些东西每次用完都是湿乎乎的，有的还在滴水，必须放在水槽周围能通风的地方晾干，推荐在水槽附近安装一根横杆或者一个晾晒架。

还有洗涤液、洗手液这些天天用的液体，如果想要达到整齐和美观，可以购买白色的容器统一收纳，记得用标签标记区分。

水槽附近　　　　　　　　　　　　　　　洗涤液

还有一些不是天天用的物品，叫作低频使用物品，像刷子、手套或者其他备用品，我们也可以集中收纳在水槽下面，用宜家瓦瑞拉塑料盆能把窄缝空间利用起来，找起来也很方便。

利用窄缝空间集中收纳低频使用物品

垃圾类

因为一般丢垃圾都会在水槽附近，所以如果能够把垃圾桶安排在离水槽近的地方会非常方便。垃圾桶如果能够高一些最好，不用弯腰还可以提高"投篮"准确率。

国外有内嵌式垃圾桶，但可能因为卫生问题很多人不愿意放在橱柜里面，我们可以把垃圾袋收在水槽下。现在流行的垃圾处理器大家也可以考虑。大部分厨余垃圾都可以处理，环保又省力。

餐具类

餐具类包括：

①碗：饭碗、汤碗、面碗，按家中常住人口数量预备。

②盘：中式深盘、西式浅盘等。

③筷、勺、叉。

④杯：水杯、茶杯、咖啡杯。

⑤保鲜盒、饭盒：同餐具一起收纳，或者和保鲜袋、保鲜膜一起收纳。

⑥客用餐具或者非常用餐具单独存放。

想灵活使用餐具，一个餐具盒就可以搞定。

餐具的位置建议大家灵活一些，跟着使用的地点走。比如筷子、勺子、饭碗，其实每次都是在餐桌上用得最多，可以准备一个餐具盒放到餐桌附近。

推荐在餐区设计水吧，收纳烟酒茶咖啡、各种水杯、电热水壶的全套物品，减轻厨房压力。

盘子推荐在离灶台近的地点收纳，盛菜的时候省力气。

保鲜盒的收纳可以把盒子和盖子分开收纳，盒子尽可能叠放，可以节约空间。如果是塑料的，考虑到卫生问题要定期更换。

调料类

中餐西餐的调料非常多，而且现在还有韩餐、泰餐、日餐等加入进来。但我们还是可以按使用频率分类后收纳。因每家情况不同，以下供大家参考。

①高频类调料（几乎每天都会用到的）。

液体类：油、酱油、醋、料酒……

固体类：盐、绵白糖、胡椒粉……

天天都用的东西一定要放在手边，推荐在灶台旁边配置调料拉篮。

调料不太推荐放在灶台附近，一是炒菜的油会溅到调料瓶上，收纳盒时间长了很难清洁；二是灶台附近温度、湿度都很高，调料遇热容易变质，如果容器是塑料的，还容易产生有害物质。

有的朋友说，我家没有调料拉篮。这也没关系，来个万能的小推车一样好用，或者用收纳盒装一下，打扫的时候拿起来也很方便。

调料拉篮

小推车

②非高频类调料。

液体类：意大利面酱、沙拉酱、柠檬汁、橄榄油、意式黑醋、芥末酱（做生鱼片会用）、蒸鱼豉油（蒸鱼用）等。

固体类：花椒、大料、干辣椒、桂皮、冰糖、红糖、玉米淀粉、砂糖等。

不是每天用的调料，液体放进冰箱，固体放在抽屉里，没有抽屉用收纳盒装好放橱柜。

固体的可以使用收纳瓶收纳，根据调料大小选择合适容器就可以。

烹饪类

主要包括：

①锅、锅盖。一说起厨房用品，锅碗瓢盆，锅总是排在第一位的。那么一个家庭究竟需要几个锅？厨房里又该如何收纳对于烹饪很重要的锅呢？

锅，基本上 7 个就够了！

如果走极简路线，两个也没问题。就是一个炒锅加一个电饭锅，也基本能制作各种菜肴（锅的部分在后面会有专门章节讲述）。

说到锅的收纳，除了电饭锅、电炖锅、蒸锅这种必须单独存放的之外，像煎锅、炒锅、小炖锅完全可以站起来，用 M 型支架就可以。将它们放在灶台下面，炒菜时伸手就拿，都不用挪地方。选择 M 型支架时一定要挑能调宽度的，除非你家的锅都是一样的宽度。

说完了锅，还得说锅盖：通用型自立锅盖，一个盖子顶一堆锅盖。

让锅能站起来的M型支架

通用型自立锅盖

②炒菜铲、大汤勺。就是和锅配套使用的工具，放在锅旁边，用一个小盒子收纳，站起来最好。

③菜板、菜刀、擦菜板、削皮器等小工具。

用小盒子收纳配套工具。　　刀推荐用刀具托盘收纳。　　菜板最好分类，这样更卫生。晾干后在抽屉或者橱柜侧面站立收纳即可。

食材类

①主食：米类（大米、糙米、黑米等）、面类（白面、挂面、意面）。

②豆类：黄豆、黑豆、绿豆、红豆等。

③干货：木耳、蘑菇、紫菜、粉丝等。

④蔬菜：能进冰箱和不能进冰箱两种。

⑤水果：能进冰箱和不能进冰箱两种。

民以食为天，家家户户食材都不少。还是按照"头轻脚重"的原则，豆类、干货放上层，主食放下层。蔬菜、水果能进冰箱的进冰箱，不能进冰箱的放阳台架子上。

食材收纳容器保存的要点是透明、统一、充足、可买到。

透明是为了便于查找；统一是为了美观；充足的意思是要能把一整袋食材都收纳进去，避免装不下还需要另找地方二次存放；可买到就是最好买经典款，以便于补充。

玻璃储物罐

不能进冰箱的食材推荐用推车存放。

小家电

买哪些小家电可以满足我们的日常生活需求呢？

除了之前提到的电饭锅、电汤煲之外，几乎家家都有的就是微波炉了，现在有了新的水波炉，同时具有微波、蒸、烤的功能，如果有机会推荐一步到位。还有就是经常用到的电热水壶。咖啡机如果不高频使用，也要谨慎购买。

高频使用：电热水壶、电饭锅、微波炉、多功能蒸箱。
如果餐区有餐边桌或者餐边柜，推荐放在那里，使用特别方便。

如果不行，可以考虑厨房高柜，最不推荐的就是直接放到台面上。

低频使用的烤箱、面包机、豆浆机、厨师机、果汁机等，推荐用高的架子收纳在厨房或者阳台角落。

烘焙类

①面粉：高筋粉、低筋粉等。

②辅料：奶粉、糖粉、砂糖等。

③模具：蛋糕模具、饼干模具、面包模具等。

④工具：秤、量勺、打蛋器、刮刀等。

如果不是烘焙发烧友，推荐用透明容器收纳烘焙类物品，然后统一存放在一个区域。

如果是发烧友，推荐设计一个专门的西厨区。

冰箱规划整理快速入门

从菜单开始规划冰箱

下面你不仅能看到属于我私人的"菜单"，同时我还将告诉大家如何定制一套专属自己家的菜单。有了菜单，我们就可以按单来采购，再不用盲目买买买了。

先说我家的菜单。因为目前我所生活的城市电商购物已经非常方便，可以实现当日到、次日到，生鲜、水果、酸奶全都给送货，所以冰箱囤货的意义已经不大了。学习朋友的经验，我设计了一个菜谱。

早餐：力争做到包含碳水化合物、蛋白质、水果、蔬菜，营养均衡、口味多样。

		星期一	星期二	星期三	星期四	星期五	星期六
早餐	碳水化合物	自制面包	面	馄饨	包子	麦片	松饼
	蛋白质	牛奶	鸡蛋	鸡蛋	酱牛肉	牛奶	酸奶
	水果	水果	水果	水果	水果	水果	水果
	蔬菜	小菜	小菜	小菜	小菜	小菜	小菜

晚餐：基本是一荤两素。下面是一个月的菜单，都是简单的菜式，煎、烤、蒸、煮比较多。

	红烧	清炖/蒸	煎烤	炒	煮	酱
鱼	红烧鱼	清蒸鲜鱼	烤三文鱼		鱼汤	
虾		白灼鲜虾	烤虾	冻虾仁		
鸡	红烧鸡腿	蒸鸡	烤鸡翅	鸡胸	鸡汤	酱鸡腿
猪	红烧排骨		烤猪排	里脊肉	排骨汤	
牛	红烧牛尾	炖牛肉	煎牛排		牛尾汤	酱牛肉
羊			煎羊排	葱爆羊肉		

再结合每周吃饭的人数，你大概就能计算出一周所需的食物量，最后发现其实需要在冰箱里放的东西并不多。

除了需要进冰箱的调料之外，冷冻层里面就是鱼、虾、鸡、猪、牛、羊等肉类。再加点馄饨、牛奶，早餐的食物储藏也搞定。

蔬菜水果因为有电商和小超市，基本不需要多存。买得多了，很容易忘记吃就坏了，也是一种浪费。

按照这个规划，其实根本不需要特别大的冰箱，我家目前的三门冰箱四个人是完全够用的，而且冰箱小也可以督促你勤买新鲜的蔬菜和水果。

在做完"菜单"的规划之后，开始进入冰箱的整理。

冰箱整理五步法

第一步：取出。取出所有物品，如果怕坏了，可以分冷藏、冷冻两次取出。

第二步：查看。查看是否过期，东西是否变质，不好的就直接处理。

第三步：分类。根据冰箱的结构以及个人习惯，给不同种类食材一个固定区域，相同种类食材按类别集中存放。

第四步：计算。计算同类物品需要多大空间，需要几个收纳盒。

第五步：归位。将东西放在规划好的位置上，记得用完放回。

冰箱分区收纳法

收纳能否做好？除了食材的种类和数量，也取决于冰箱本身的设计，以我自己家在用的三门冰箱作说明。

具体到每一个区域的收纳还有四个窍门。

窍门一：从电商平台买东西都会有一份购物单，把购物单用磁性夹夹在冰箱门上。这样，冰箱里有什么东西、什么日期买的，一下子就能知道。不是从电商平台买的也没关系，在冰箱门上贴一块磁性小白板，把从菜市场买的东西都写在上面，吃完就擦掉，也非常方便。

本图根据我家的三门冰箱绘制而成

用凤尾夹做标签

窍门二：站立法。前提是你家冰箱的高度足够高。各种食材记得用一个长尾夹夹住，用标签机打个名字，这样就一目了然了。我之前在北京卫视做《暖暖的新家》节目时帮老奶奶整理的冰箱，牛肉、羊肉都站立存放，找起来特别方便，如左侧视频截图所示。

窍门三：使用保鲜袋更卫生。现在很多速冻食品销售的时候，包装袋都很大。特别是速冻的饺子、馄饨，袋子打开后一般一次吃不完。可以用最大号保鲜袋密封起来。

窍门四：冷藏区域除了要利用冰箱原有的收纳架之外，还可以考虑用几个收纳盒，将中西餐调料分开收纳，用的时候会更方便。

你究竟需要几个"帅"锅

基本款：7个就够了

从烹饪方式来看，不论中式还是西式，无非是"煎、炒、烹、炸、蒸、煮、炖"。所以据此类推，锅有7个就够了！

①煎锅：早餐神器。煎蛋、煎松饼、中式的烙饼、锅贴全靠它了。在家请客或者吃大餐时，煎牛排也是个省事的好选择。日式料理也推荐用煎的方法代替炸，更省油也更健康。

美食达人晒图中常见的柳宗理的锅

②炒锅：中餐必备，一口锅能炒菜、做汤（非广式汤）、炸食物，配上合适的装备还兼具蒸的功能。选择上，勤快的人可以选生铁锅，图方便的人就来个不粘锅。

③炸锅：可以用炒锅代替，但更健康的方式应该是空气炸锅，做薯条不用油，味道也不错；炸鸡翅可以把鸡翅本身的油炸出来，缺点是使用频率不高（推荐用烤箱代替）。

④蒸锅：蒸中式的包子、馒头、螃蟹等，但单独存一个也很占地方，如果使用频率不高，推荐用电饭锅配蒸屉、炒锅配笼屉或者蒸箱代替。

当然，如果使用频率很高，还是推荐专门备一个，免得到时候周转不开。

⑤煮锅：也称奶锅，过去的主要功能是煮粥和热奶。虽然现在有了微波炉，热奶更快、更省事（少洗一个锅），但煮个醪糟汤、煮点面条还是很方便。煮了之后可以直接端上桌吃，少洗一个碗。

⑥炖锅：比较推荐电炖锅，避免发生忘记关火把汤熬干的情况。关键是省事，材料丢进去就不用管了，就算是新手，成功率也可以达到100%。而且如果是煲排骨汤或者鸡汤，除了喝汤之外，再把肉捞出来配点酱油，分分钟就是一道肉菜。有了一锅汤再来个青菜配米饭，一家人的晚餐就解决了。此外还有定时功能，你可以早上定时，晚上下班回家就能直接吃现成的了。

⑦电饭锅：居家必备。电饭锅除了做米饭、熬粥之外，其实也能煲汤、做煲仔饭。花点心思学习一下，还可以烤蛋糕、做盐焗鸡。

升级版：8个推荐

虽说每家情况不同，但只要有以上7个锅，基本上也能做出一桌大餐了。但是，人的进步不就在于不断挑战自己吗？我们看看，有没有什么升级的神器或者是能一物多用的。

①铸铁锅：双立人旗下的史陶比（STAUB）推出了一款三合一的锅，可以实现涮、炖、煎三种功能，盖子就是一个牛排锅。

史陶比三合一系列的锅，
锅盖可做烤盘。

然后，我又打开了酷彩的网页，口水流了一键盘。普通款就长这样：

锅，谁没见过，
可是没见过这么
美的花形锅。

紫色的锅也这么
好看。

问了一下身边的朋友，有人表示已经入手将近 10 个，各种颜色、尺寸和用途。当然，这种锅在国内价格卖得过高，大家可以考虑海淘。

②高压锅：炖锅的加速版本，据说30分钟能做出酱牛肉，但我感觉味道比慢炖的还是差点意思。

幼时听朋友讲她家高压锅爆炸，排骨飞到了天花板上，对此一直有阴影。现在据说很安全了，大家根据需要自行选择吧。

③牛排煎锅：普通煎锅的进阶版本，可以把牛排煎出漂亮的花纹，但除非是牛排爱好者，感觉用的机会不多。

④玉子烧锅：同上，煎锅的特殊形状版本，可以做出方形的厚蛋烧，但使用的机会应该也不多。切勿冲动，买锅没几个钱，收锅好费劲。

⑤电饼铛：号称做饼神器。

⑥电炖盅：这个我感觉有点没必要，炖锅或者蒸锅配几个盅应该就可以替代它。

⑦塔吉锅：这个我个人很喜欢，因为快、省事，肉、菜一锅出，十几分钟就搞定。而且颜值也不低，当个装饰品也好看。

⑧煎煮多用锅：颜值高、功能全，堪称聚会好帮手。配合不同的烤盘，可以煎烤炒煮，还能做章鱼小丸子。

锅应该怎么收

在电影里面，米其林餐厅的厨房都明晃晃地挂着一排锅，很是令人羡慕吧？但你真把这场景搬到自己家里，只能用两个字形容——悲剧。因为餐厅的锅每天都会用，又有打杂的助理天天擦洗。如果到了自己家，日常炒菜做饭也就用2~3个，其他的只能放在那里落灰、落土、生油烟。最重要的是，如果你有挂锅的那面墙，为什么不搞一组柜子把东西都收进去？

从使用方便的角度考虑，推荐常用的锅（炒锅、煎锅、煮锅）就放到灶台下方。

可以用M型支架+抽屉来收纳常用的锅。

这个支架用来放锅，十分合适，还可以根据锅的厚度调整，放锅盖也没问题。

如果没有抽屉，M型支架放在搁板上也可以，侧着放，伸手就能拿到。如果高度不够，也可以摞放，注意把锅底洗干净就好。

其余的电饭锅、蒸箱因为有蒸汽必须开放式存放。电炖锅等可以用时拿出来，不用时收到柜子里。

提升厨房幸福感的8个小家电

烘焙"四姐妹"之一：多功能蒸箱

如果厨房只能有一个小家电，我的选择是"多功能蒸箱"，因为"她"能一专多能。

①蒸：可以代替电蒸锅蒸蛋羹、蒸鱼、蒸螃蟹，蒸包子、青菜、地瓜之类也不在话下。

②烤：蒸箱虽然看着个头不大，但肚量不小，能烤一整只鸡、8寸的蛋糕和一般的吐司，烤箱也可以省了。

③炸：炸无油薯条和鸡翅不在话下。

④发：面包放进去，恒温发酵。

⑤洁：能消毒宝宝餐具，还能自我清洁。

多功能蒸箱　　　　用多功能蒸箱做的烤鸡，味道真是太赞了！

坦白讲，如果拿单一功能和专业的蒸箱、烤箱、空气炸锅比，它肯定是逊色的，但是除非你家厨房很大，又除非你天天烤火鸡，否则居家过日子还是一物多用不占地方的好。

烘焙"四姐妹"之二：面包机

以前有朋友送过我一个面包机，做出来的面包很像俄罗斯的大列巴，硬且无味，很快就闲置了，后来改成专门和面用了。

某天，看一个美食达人小岛妈妈的微信朋友圈，她居然用面包机做吐司，还说跟自己手揉的相比也不差，我十分喜欢。但是家里放着一个面包机，总不好再买一个。突然，万能跳蚤群里出现了一个，500 元立刻拍下付款抱回家。

不得不说，虽然都叫面包机，但"机"和"机"之间的差别还是很大的，这个面包机做出的吐司简直可以秒杀面包店的。不仅如此，还可以做其他面食。

以下是用面包机做出的各种美食。

烘焙"四姐妹"之三：厨师机

如果你发现面包机不能满足你的烘焙需求，厨师机就可以闪亮登场了。

有了厨师机，打发黄油，做蛋糕、做面包特别省力，分分钟做出来一个重乳酪蛋糕和柠檬磅蛋糕。

重乳酪蛋糕

柠檬磅蛋糕

因为这个机器自带一个搅拌杯，于是原来的搅拌机也送人了。图为用厨师机做出的芒果奶昔。

芒果奶昔配梅森瓶

烘焙"四姐妹"之四：早餐机

早餐总吃面包或粥还是会腻的，特别是小朋友有时会点酒店配置的早餐，松饼我还能对付，华夫饼没有模具就不行了。后来发现，维坦托尼奥（Vitantonio）一个机器能做华夫饼、三明治、甜甜圈、鲷鱼烧、可丽饼、水果挞、帕尼尼、松饼、玛德琳、心形可丽饼 10 种早餐，简单省力。

维坦托尼奥早餐机

早餐机的"战果"

甜甜圈

华夫饼

机器猫最爱吃的铜锣烧

韭菜盒子

葱油饼

厨房好物之一：洗碗机

洗碗机洗碗确实比手洗得干净且省水，还兼具了消毒功能。嵌入式洗碗机也得到了很多人的推荐，大家可以自行研究。因为不想拆橱柜，我买的是台式的洗碗机。

厨房好物之二：电热水瓶

电热水瓶很方便，一次加热后自动保温，我一般设成 80℃，泡茶很方便，60℃还可以冲奶粉，正好借此一举淘汰了电水壶和暖水瓶。把它放在餐边柜上，喝水更方便。这款有锁定键，不解锁不会出水，也不用担心小朋友会被烫伤。

厨房好物之三：垃圾处理器

每天丢垃圾很麻烦，而且夏天的时候味道不好闻。我开始研究垃圾处理器，入手的小伙伴都说是好帮手。

厨房好物之四：咖啡机

我的闺蜜格格巫同学一家都是重度咖啡爱好者，每天早上至少会消耗 4 杯咖啡。她入手了咖啡机，配合小推车，感觉还挺和谐。

咖啡机+小推车

总 结

　　每家的厨房都不一样，里面的电器、工具、食材、调料也千差万别。所以，大家参考即可。

　　①规划之后，请整理。

　　②分类后，同类物品存放在一起的好处是你会发现，原来你家有 3 袋盐、4 个电饭锅。下一步，该扔的扔、该送的送。

　　③如果追求升级也没问题，铁律就是进一出一，进一个电饭锅务必出一个电饭锅，如果你觉得现在的还好，就不要买新锅。

　　④不要过度追求大包装，一卷 1000 米的保鲜膜足够普通人家用 10 年。建议买小一点的包装，因为除了保鲜膜本身的价格，它占的空间也是钱。

　　⑤不要过多囤积，特别是很便宜却又占面积的东西。

　　⑥低频的物品一年不用请丢弃，记得下次不要再买。如果厨房不能变大，至少我们可以让东西变少。

　　按照上面的方法，可以做到厨房台面、墙面基本无物。备餐切菜有地方了，杂物都收纳起来，自然就感觉厨房"大"了。

⑱ 打造梦想中的浴室

四分离法打造梦想中的浴室（适用于装修阶段）

什么是四分离

四分离是指浴室、马桶、洗手盆和洗衣机分布在四个不同的空间，便于利用。

好处：有四个空间的话，就可以四个人同时干四件事了。以下图为例，爸爸可以在厕所方便，姐姐可以在浴室里美美地泡澡，弟弟洗脸刷牙的同时妈妈可以洗衣服。

四分离设
计图

日式四分离设计图

该设计图中洗衣机、洗手盆、浴室在左侧，如厕区在右侧，原因是靠近卧室更方便。亮点是洗衣区设计了一个晾晒区，遇上天气不理想时可以直接在室内晾晒。

四分离如何做

能否四分离，还要看使用习惯、户型设计，我们目前比较常见的做法是干湿分离。

干湿分离

如果家里只有一个人，分不分区就无所谓了。但是，在有第二个人的情况下，分区会非常方便，相信谁也不愿意洗脸的时候旁边有人在方便吧。

四分离四步走之一：洗衣机分离

就算是为了安全，也强烈建议把洗衣机先分离出去。

可以单独为洗衣机规划一个区域，洗完澡出来直接洗衣服。如果配合烘干机或者取暖干燥机，还可以实现晾晒功能，特别适合南方的居民。

洗衣机分离

北方现在有时候有雾霾，也可以考虑几个备选方案，比如洗衣机在走廊：

洗衣机在厨房：

　　打造个家务区如何？找个阳台，实现洗衣、晾衣、熨烫这几个功能应该不难吧？再配个晾衣架和熨衣板，一个简单的家务区还是可以实现的。

四分离四步走之二：洗手盆分离

比起迁移马桶的技术和风险，洗手盆的位置可以相对灵活，放在公共空间也很方便。目前国内的浴室设计基本上都是洗手盆＋马桶＋淋浴（浴缸）。

分离的方案有：

在洗手盆和马桶之间砌堵假墙。空间够的话，可以用收纳柜代替墙。

四分离四步走之三：马桶分离

这步是最必要也是最难的一步，特别是很多的户型往往会把马桶放在浴室中心，让你想分也分不了。

大家可以根据实际情况和设计师沟通。

四分离四步走之四：淋浴、浴缸分离

是否需要走这一步看个人习惯。中国人一般不是天天泡澡，所以也可以直接来个浴缸就行。

至于需不需要浴缸这事儿，请考虑清楚，如果将来会有小朋友，建议还是来一个。小朋友 6 岁之前洗淋浴的可能性比较小，浴缸就是他们的"游泳池 + 游乐场"，而且泡澡还是很舒服的。

四分离需要多少面积

相信四分离的好处大家都很心动，那么四分离究竟需要多少面积？答案是 8 平方米就够了。

来看一下每种功能的标准面积吧。

四分离后的浴室紧凑合理，如下图：

　　我个人觉得可以把淋浴和浴缸合二为一，这样，四分离只需要 7 平方米。如果洗衣机能另找地方，6 平方米就能实现四分离。

　　你肯定会说，6 平方米也很大啊！我上哪里去找？事实上是，现在 100 平方米左右的户型有很多就设计了两个卫生间，加起来也差不多有 8 平方米了。如果家里不是天天高朋满座，其实客卫和客房一样基本就是闲置着。还不如好好筹划，把两个卫生间用四分离法改造一下。

这是一套使用面积仅为38平方米的小户型的三分离卫生间，忙碌的早晨一家四口也能高效使用。

老房子的浴室还有救吗

上一篇的四分离法基本都需要在装修阶段动手，现在已经入住的朋友们怎么办？接下来就说说不拆墙、不动土的改造方法。

先静下心来，想一想，现有的浴室有什么问题？你或者家人有什么不满意？

入住 N 年后，一般浴室会出现的问题总结如下：

> ①瓶瓶罐罐堆满洗手池附近，想擦一下台面都费劲。
>
> ②各种护肤品、化妆品太多，有的时候因为忘记用就过期了。
>
> ③大人孩子的各种毛巾多达十几条，晾晒、收纳是个挑战。
>
> ④买了一提卷纸，无处收纳。
>
> ⑤婴儿洗澡盆、洗脸盆、洗脚盆等各种盆找不到地方存放。
>
> ⑥洗澡时，夏天感到热、冬天感到冷。

涉及的问题如下：

> ①收纳：
>
> 小：护肤品、彩妆、牙具等。
>
> 中：毛巾、洗脸盆、洗脚盆、卷纸。
>
> 大：婴儿浴盆、大浴巾。
>
> ②晾晒：毛巾、浴巾、随手洗的小衣物。
>
> ③温度、湿度调节：冬暖夏凉去水汽。

浴室规划

首先从规划角度想想，我们真的需要这么多东西吗？

先说说各种盆。

婴儿浴盆随着宝宝长大肯定会淘汰，这个暂时不去管它。如果家里已经安装了洗面盆，那脸盆就可以淘汰。热水器、小厨宝、电热水龙头都能解决这个问题。

现在很多浴缸配套的龙头角度都不再是直上直下，而是略有倾斜，这个角度让我们坐在浴缸边洗脚变得很容易。如果您喜欢泡脚，也没问题，那就留一个大而深的泡脚盆好了。

再说说毛巾，其实也可以淘汰。

洗脸之后不用毛巾，直接用纸巾擦脸，干净、方便、卫生。客人来了，洗手间备着擦手纸。由于此擦手纸吸水性能良好，还可以代替擦脚布，把脚丫擦得干干净净。

最后说说护肤品、彩妆和洗浴用品。

护肤品、彩妆和洗浴用品只需要 19 个就够了：

> 洁面 3 个：卸妆、清洁和去角质。
>
> 护肤 4 个：水、精华素、面霜和眼霜。
>
> 清洁 3 个：洗发水、护发素、浴液。
>
> 彩妆 6 个：防晒、隔离、粉底液、散粉、眉毛套装、口红。
>
> 其他 3 个：面膜、护手霜、润唇膏。

浴室收纳

哪些东西是一定要放在浴室的？

其实护肤、化妆都最好在自然光线下，如果能在卧室给女主人规划一个梳妆台是最理想不过的。

　　如果浴室够大，早上又经常遇上几个人抢洗脸池的情况，也可以提前规划两个"池位"。

　　如果你对以上方法都不满意，那么也有短平快的方法解决。

　　最简单的一招，就是镜柜！

洗手盆的形状各异，不一定每家都能安装抽屉或柜子。但是只要你家洗手池上方有一块墙面，那么就来个镜柜！

如果可能，增加洗手盆下部的收纳空间。最理想的当然是抽屉，使用方便。

如果遇上架子，也没问题。就像解决衣柜收纳的问题一样，给架子配个抽屉。尽量配合架子尺寸，选一个空间利用率最高的即可。没有架子也没问题，自己配一个好了，搬家时还可以拿走。

　　有了镜柜和洗脸池柜，基本上东西都有地方放了。盆也可以收在柜子底下，记得量好尺寸，确保能装进去就可以了。

　　如果婴儿浴盆过大，也可以考虑上墙。选择合适的挂钩，美观的同时也可以沥水。

浴室晾晒

如果不怕麻烦把东西都拿到晾晒区去晒太阳当然最好，但随着雾霾天气的出现，感觉室内晾晒也是个好主意。

浴室的毛巾基本每天都要使用，如果能就地晾晒肯定最方便。只是浴室原本就空间狭窄，如果再放普通的晾衣架确实没地方。之前去欧洲旅行时发现，他们的酒店没有浴霸，但有一个电暖架，不仅洗澡如厕很暖和，还能让毛巾变得干燥又柔软。

虽然暖气片也有类似形状的，但除了采暖季之外就不能用了，有点遗憾。

浴室温湿度调节

我还有一个"心头好"介绍给大家——取暖干燥机，是秒杀浴霸的好产品。家里有小宝宝的强烈推荐用这个代替浴霸。夏天它能吹凉风，这点也深深地打动了我。

电暖架　　　　　　　　取暖干燥机

⑲
阳台晾晒悲剧如何避免

　　你一定会说，晾衣服谁不会啊？这还用教？非也非也，这次我们要说的是晾衣服的地点。从小我们就被教育"衣服要见太阳，紫外线杀菌"，所以大部分人家都会把衣服晾在南向的客厅阳台上。只是，衣服不是花、不是草，晾在客厅阳台其实很难看。

　　你想象中的是：面朝大海春暖花开，白衣如雪随风飞扬。

　　现实是：五颜六色各种尺寸的衣物，内衣袜子全部都在。

　　当你到亲友家做客，通常一进门走到客厅，大部分的景象是：满屋阳光全挡住，一杆衣服晾起来。就算没有客人，自己家里常常如此也让人不舒服。那么，有什么方法避免这样的"悲剧"呢？

方法一：非客厅阳台

为什么强调非客厅阳台呢？因为只要在客厅阳台晾晒衣服，就非常容易产生"悲剧"。

生活中有美的东西，肯定也有丑的东西，颜值再高的马桶、垃圾桶、扫帚、拖把也不适合让外人观赏。但我们可以开动脑筋，想办法把美的东西露出来、丑的东西藏起来。

同理，客厅是招待客人的地方（虽然这个功能用得不多），更是一家人活动的地方，保证每个人的心情愉快非常重要。

为什么有的人家的阳台看起来很美？因为他们不在阳台晾衣服。

虽然国内一线城市很难支持专门的洗衣间，但是阳台的角落改造一下还是有可能的。

阳台上部的空间也别浪费，记得一定要给衣架找个地方！

优先规划好合理的晾晒地点之后，客厅阳台你就可以尽情养花养草、养鱼养鸟，再配把舒服的椅子，晒晒太阳喝喝茶，日子简直太舒服了。打造成家居美图也绝非不可能！当然，可能大部分房子都只有一个南向的阳台，而且这个阳台90%以上都在客厅旁边，衣服不得不晾在这里。

还有办法吗？

方法二：客厅阳台规划

通常客厅阳台都不会正好和客厅窗户等宽，那么多出来的角落就可以做点文章。

从动线最短也就是做家务最省力的角度，大力推荐在阳台上洗衣、晾晒、折叠、熨烫，换句话说，阳台应该是个小小的家务间。如果能把拖把、扫帚、吸尘器也放在此处，你家的卫生间就能彻底解放出来了（以下页的阳台为例）。

第一，整个区域利用了阳台的一个角落，如果沙发也和家务这一角设在同一个方向，坐在沙发上，墙体会遮住凌乱的角落，从而实现"看起来很美"的小目标。

第二，洗衣和晾晒在一起，动线完全可以默认为接近于零距离。洗完了拿出来直接晾上，然后在洗衣机的台面上折叠、熨烫。

第三，关于晾晒量。目前看起来不太大。但如果需要，也完全可以增加一个落地式的晾衣架，床单、被罩等大件也能搞定。

仔细看看这个阳台，可谓"麻雀虽小，五脏俱全"。

第四，洗衣机上方和侧面的空间也没有浪费。利用搁板和带轮的架子，收纳洗衣液、衣架等零碎物品。

第五，费用几百元，既便宜又实用。

如果想实现阳台洗衣，最关键的当属安装上下水，洗衣服的水千万不能直接走雨水管，以免污染环境。

如果已经装修完，不能安装洗衣机，至少也可以把晾晒、折叠、熨烫放在一起，既节约空间，也避免未折叠的衣服占据沙发或者床的空间。

客厅阳台

如果提前研究好沙发的位置，把沙发和洗衣、晾晒规划在同一个方向，然后另一边就可以养花养草，这样至少你坐在沙发上看到的不是乱糟糟一片，而是美丽的花草，心情也会好很多。

方法三：勤快

如果阳台特别小，找不到可以藏东西的角落怎么办？

我闺蜜家的客厅清清爽爽，出于职业习惯，我八卦地问"你家衣服晾哪里？"她的回答居然是"客厅阳台"。我当时就晕了，完全看不出来啊。后来她告诉我，"聪明机智"的她一般傍晚洗完晾上，拉上窗帘，第二天早上就收了，所以客厅保持了高颜值。

当然，这里面有个前提是她是大学教授，早上时间相对自由一些。不过即使是上班族也可以请老人或者小时工代劳，或者晚上回家就把衣服先收了。

TIPS：如果想省力，可以考虑把家里的衣柜设计成悬挂区多一些的方式，多悬挂、少折叠。

方法四：干衣机

如果你时间紧张、工作繁忙、家里又没人帮忙，怎么破？还有机器啊！

干衣机对于北方人估计如同加湿器对于南方人一样，"我真的需要这个吗？"北方很多朋友觉得家里已经够干了，特别是冬天采暖后都要配加湿器了，还需要吗？

答案是：有了之后生活会更美好！

如果有干衣机的话，大部分衣物可以实现"就地正法"，也就是洗完就烘干，然后直接收到衣柜里，阳台再不会出现乱七八糟的衣服了。或者这么理解：投资干衣机虽然要花两千多元（也有更贵的），但是可以节约一大块地方。而且每次洗完衣服要晾、要收很麻烦，这些不增加幸福感的劳动如果不能外包，就只能由你本人或者家人亲自完成了。问题是：在一些一线城市，上下班路上都要花 1~2 小时，有了干衣机，哪怕能节约 20 分钟看会书也是好的。

缺点：干衣机使用时时间较长，和洗碗机一样，估计家里有老人的会碎碎念。

小区芳邻，作为多年的老用户，很热心地给出了使用心得：

①大部分衣服都可以烘干，原来说羊毛、羊绒的不可以烘干，但据说烘了也没事，可能因为大部分都做了预缩处理。

② 3~5 件衣服 40 分钟能干透，推荐买大容量的，会更省力。

③衣服拿出来软软的，平整、没死褶、没鼓包，毛巾松软，省了柔软剂。

方法五：晾衣架

既然说到了晾衣服，肯定要说一下晾衣架。

这里面有个前提，就是通常很多人的做法是洗完衣服，不到需要穿的时候是不去拿或者收起来的，像我闺蜜那么勤快的人真的不多。

从我个人的使用经验来看，不推荐升降型晾衣架。

首先，升降型使用不方便，每次升起来、降下去好麻烦，特别是用了两三年之后，很容易出小故障。

其次，安装位置通常都会在客厅阳台的中心，使得客厅的阳光被大面积遮挡，虽说衣服晒太阳很重要，但看着乱七八糟的一堆衣服也很闹心。

再次，升降款设计的初衷可能是想利用天花板下面的空间，但问题是，安装之后，底部的空间其实也不能干什么了，因为你总要留出能站着挂衣服的地方。脑袋上一堆衣服也不舒服，走路也得小心，以免被衣服碰到。

与其每次费力升起来、降下去，还不如直接用折叠晾衣架呢。

比如：

上墙式的，一个不够可以多来几个。

落地式的，对于年纪大的人很友好，双层的也有。

⑳
小家也能装下"大块头"

> 童话的结尾总是"公主和王子一起过上了幸福的生活",从来没人告诉我们后来怎么样了。节日也是如此,我其实一直好奇,每年万圣节、圣诞节和春节用的东西大家平时都收到哪里了呢?
>
> 读过《怦然心动的人生整理魔法》的朋友都知道,近藤女士把物品分成衣服、书籍、文件、小物品和纪念品五大类。但她没有说过一年就用一两次的东西怎么收。比如,行李箱、圣诞树、夏天的电风扇、冬天的电暖气、空气净化器等这几个"大块头"。它们收着很占地方,扔了吧,来年又总有那么几天需要用上。
>
> 下面我们就来聊聊这个话题。

比斩草除根更狠的规划法

比斩草除根更狠的就是——压根不种草。说笑了,其实就是一句话"如非必要,不增实物"。也就是说,一个东西,特别是一个体积大于一台笔记本电脑的东西,领进门之前大家务必要三思而后行。

如果确实是思之再三,还是真的需要。那还有一招就是尽量不落地。比如,空气净化器每个房间摆一个,还不如直接上一个全屋新风(当然要有经济实力的支持)。再比如说,家家都有的暖气片,真不如地暖舒服,节约出来的墙面空间可以摆放家具。担心地暖漏水的朋友，可能忘了暖气片的水管也是在地下走的了。当然，地暖需要装修前弄好。实在不行，也可以在有需要的地方铺一块电热地暖垫。

还有就是经过实践我发现，吊扇比落地扇更有利于空气流通。如果用了吊扇灯，更是一举两得。

行李箱也是如此，与其像俄罗斯套娃一样各种尺寸都买一个占地方，还不如想想自己一般出长差还是短差。

短差尽量不带箱子，如果确实需要就带一个20寸登机箱。多年出差旅行的"血泪"教训就是只有自己是最可靠的，因为航班常不准点，行李也是如此。有一次我就生生在机场等了两小时，只因为工作人员把我的行李安排到了下一个航班，所以，电脑等贵重物品还是自己随身带着最保险。如果出行时间较长，无非也就是衣服带得多点，再有个28寸的箱子也能搞定了，毕竟衣服还是可以洗的。

之前去国外都会带一个或者买一个最大号箱子去"血拼"。各种衣服、护肤品、彩妆、吃的统统买买买。它们有的不错，也有的会放过期。现在随着各种海淘、海外购的发展，感觉也不需要"爆买"了。需要什么少买一点，反正总有亲朋好友出去帮你买。这样，最大行李箱的用处就不大了。

不整不知道，一整吓一跳

很多人，包括我自己，其实整理之前并不知道自己家里有多少大件物品。当时只是随手一放，时间长了就忘记了。

以我自己为例，*N* 年前第一次整理阳台，光烤箱就整理出来 3 个，关键是一个都不好用。因为烘焙用的烤箱至少需要能调节温度，这 3 个一个都不行，最后全部送走，然后买了一个新的。那次还整理出一台不能制冷的冷气扇，查了一下买的时候几百元，想找人修一下上门费就得两百元，当即决定扔了买个新的。

有空的时候整理一下家里的大件东西吧，几乎 99% 的家里都有功能重复的物件，可以选择一个好的、真正需要的留下来，多余的就舍掉。

收纳有方法

如果说这些大件物品的最佳去处，当属储藏室了。没有储藏室也没关系，自己找个地方弄一个储藏柜总可以吧。

敲黑板划重点：储藏室也好，储藏柜也罢，不是用来放别的物品的，而是放一年用一两次的季节性物品以及合理的备用品的。当然，有需要的朋友也可以用来收纳换季衣物。

由于储藏室（柜）主要收纳大件季节用品和备用品，决定了它最适合的是开放式收纳，如果是架子，高度最好可调节。

这就是传说中的宜家赫尼系列的架子，堪称物美价廉。

一个 2 平方米的储藏室，架子要是太贵就本末倒置了。所以，便宜好用才是首选。

如图所示：宜家"赫尼 + 萨姆拉"系列的架子。

可以根据收纳物品的大小灵活调整搁架。比如，夏天的时候空气净化器用得少，为了将它放进去，我就把架子底下两层拆了。如果是一些体积小的物品，可以分类后收在透明的收纳盒里。

或者用博阿克塞系列的架子做收纳。

连运动器材都可以收得妥妥的。

储藏柜记得一定要先规划好放的东西再设计搁板。特别是固定式搁板，否则就会发生差那么一点点，行李箱就是塞不进去的悲剧。觉得乱也可以配个门或者配个帘子，眼不见为净。

一句话：做好规划，少增实物，巧妙收纳，"大块头"也装得下。

办公、出行篇

㉑
桌面无一物，工作更专注

办公室篇

通常来说，办公室的桌子款式是固定的，可供挑选的余地不大。但如果可以提前规划，建议：

①尺寸：办公桌的尺寸不要过小，1米以上的宽度比较合理。因为要摆放电脑、鼠标、记事本，小的话时间长了会让人感觉很难受。

②空间：这个空间特指腿部空间，不同的办公桌有不同的设计，记得选比较适合腿部活动的。特别是桌腿，比如圆的就比方的好一些，因为后者不小心碰到了，真的很疼。

③储物：办公用品、文件、个人用的东西都需要有地方存放，所以办公桌一定要有储物功能。没有储物功能的办公桌都是纸老虎，实在没有这个功能的话，还是建议自己配一个小柜子，对于提升办公效率大有帮助。

④其他：如果能预留电线孔就是加分项，如果是可以升降的办公桌就更完美了，坐累了站着办公不但可以缓解疲劳，还有益于健康。

> 这个办公桌符合以上前三条的要求，价格也优惠，是我之前创业的时候用的。

SOHO篇

自从开始专门从事整理，我就变成了 SOHO 一族。后来发现在家办公的人还挺多。对于 SOHO 一族，使用频率最高的办公家具肯定也是书桌。

之前我入手了一个宽度看上去很迷你的电脑桌，放在卧室的窗前写稿。这个书桌麻雀虽小五脏俱全，不但设计了一个小抽屉装文具，侧面的设计还可以隐藏电源线。

桌面无物

桌面无物有什么好处？

①工作效率更高：桌面无物，空间就更大，工作更方便。
②清洁更方便：因为桌面无物，所以随手一擦就非常干净。
③视觉更清爽：看着心情超好。

那么，如何做到桌面无物？

①你要认可桌面无物是收纳的最高境界并为之努力。
②通过彻底地整理处理掉无用的杂乱物品。
③通过规划，使所有的物品都有地方可放。

一般我们进入办公室的流程为：放包包—脱外套—打开电脑—打水—处理邮件。

①包包：如果地柜下面有足够的空间或者抽屉可以容纳包包最好，也可以使用包包挂钩把它悬挂起来。最不济也可以放在地上，如果嫌脏可以配个小盒子隔离一下细菌。
②外套：脱下后放到衣柜或者挂衣架上，最不济也可以放到椅子背上。
③电脑：使用时放在桌面，下班后锁在抽屉里面或者背回家接着加班。
④水杯：到茶水间清洗一下，接了水回到座位上放在伸手可及的位置。

⑤记事本和笔：处理方法同电脑一样。

⑥文件：在抽屉中分类存放，使用完归位。尽量朝无纸化方向努力，需要留存的合同和文件分类存放于文件夹中锁好。

⑦文具：在抽屉中分类存放，使用完归位。

⑧票据：报销用的发票和收据用专门的票据夹分类收好，及时或定期报销。

综上，为了实现办公桌桌面无物，我们需要一个抽屉柜，分别能容纳文具、文件和个人物品，如包包、水杯等。如果工作需要，文件较多，可以增加文件柜。

抽屉柜规划整理篇

有了办公桌，接下来我们来聊聊它的"好搭档"抽屉柜。

第一层通常放文具。推荐使用收纳盒，只要尺寸合适就没问题。剪刀、笔、胶棒、胶带、胶水、订书器等小物品可以分类放好，方便取用。

第二层放个人用品，包括茶叶、护手霜、纸巾等私人用品。

抽屉柜

第三层高度比较高，可以放文件，记得把文件分类收纳，可进一步提高工作效率。

如果有包，也可以放在第三层，女士的包包、男士的电脑包什么的丢在办公桌上既不安全，也会让办公桌看起来凌乱。

电线管理篇

桌面上的物品可以只留下电脑、鼠标、记事本、水杯，之后还可以进一步对电线进行管理。推荐使用无线鼠标和无线键盘，静音版的

无线鼠标和无线键盘

鼠标简直用起来太顺手了。无线除了使桌面更清爽外，携带也更方便，还减少了线碰到水杯引发的一系列悲剧。

很多电源插头都很不人性地设在了座位下方，推荐用接线板将电源插头升级到桌面上，这样就不用每天"锻炼"腰了。如果觉得插座太乱，也可以使用安全的电线收纳盒。

或者想办法把电线收纳在桌子下，注意避开腿部。

22
一学就会的行李打包法

旅行计划

对于那些经常来一场说走就走旅行的人，我一向是万分钦佩的。可能是工作习惯已经深深地植入了我的生活，对于旅行，我一向也是提前至少三个月到半年做计划。确定目的地，研究攻略，确定行程，预订机票、酒店，然后至少提前两周开始准备物品。

因为每次出门都是一家四口，我、孩子、爸爸和姥姥，所以我们是标准的上有老下有小，需要带的物品也是异常繁多。为此，我制订了物品清单，提前打印出来，最后还会打钩确认。

说一下旅行物品规划的原则。首先是查看一下目的地的天气情况，然后看行程的天数。基本上衣服会根据天数 +1 来带，多带的一件衣服，春夏是薄的防风雨小外套，秋冬是超薄羽绒服。这两种衣服折叠起来体积都很小，也很轻，却可以应对夏季过凉的空调和秋冬骤降的气温以及小风小雨。如果是特别热的地方，衣服的数量也可以适当增加。

这里特别说一下，很多人觉得牛仔裤很适合出门穿。个人觉得还是要区分情况，如果是从早到晚不停步的话，还是运动裤或者棉质的裤子更适合。曾经就有小伙伴穿牛仔裤暴走一天后，发生了腿被磨蓝的悲剧。

内衣、内裤、袜子也是根据天数 +1 来带。

鞋基本上会穿一双健步鞋，适于长时间走路。如果是去海边，还会带一双不怕水的洞洞鞋。如果去爬山，再多带登山鞋好了。不过因为是老少游，我们的目的地一般都选择适合"逛、吃"的地方。

一般出门也会带一把轻便的晴雨两用伞，有备无患。

接下来是洗漱用品，同样是根据目的地去准备。如果酒店配置还可以，像拖鞋、牙膏、牙刷、浴巾什么的可以不带。洗完脸可以用纸巾代替毛巾，但护肤用的东西还是要带，洗面奶、水、精华、护肤霜外加防晒霜。

小朋友的东西要单独带，因为很多大人的东西他们不能用，好在孩子一天天长大，东西也可以越带越少了。

规划篇

以暑假我带小朋友去海边度假为例。以下是我自己做的旅行物品规划表，内容是小朋友的物品，按衣、食、住、洗、玩、用六类列了明细，最后两列是确认用的，为了防止漏拿，我检查了两次。

说明：

① 先看天气，当时周末三天天气都是 21~29℃，多云有阵雨。

②然后衣服 = 出行天数 +1，特别是小朋友玩沙子很容易弄脏，夏天衣服轻薄，多带 2 套也不会占地方。

旅行物品规划表

分类	序号	名称	子类	数量	内容1	内容2	内容3	内容4	位置	检查1	检查2
衣	1	T恤		3件							
	2	外裤		4条		长裤2					
	3	睡衣		2套							
	4	帽子		1顶	防晒帽				戴着		
	5	袜子		3双							
	6	外套		1件	蓝色防雨外套				背包		
	7	鞋		1双		洞洞鞋					
	8	拖鞋		1双	蓝色拖鞋						
食	9	零食		1袋	坚果	棒棒糖	饼干		背包		
	10	手口巾		1包					背包		
	11	水壶		1个					背包		
	12	面巾纸		1包					背包		
住	13	小凉被		1床	蓝色						
	14	香皂		1块							
	15	纱布巾		1条							
洗	16	牙膏		1支							
	17	牙刷		1支							
	18	牙杯		1个	橘红色						
	19	小面巾		1条	蓝色						
	20	防晒霜		1个					背包		
玩	21	玩具	书	2本	《恐龙传奇》	《丁丁历险记》					
	22		游泳	4	泳衣	泳裤	泳帽	泳镜			
	23		挖沙	3	小车	铲子	小桶				
	24		其他								
用	25	药	腹泻		益生菌	思密达	口服补盐液				
	26		感冒		体温计	感冒药	退烧药				
	27		外伤		碘伏	创可贴					
	28		蚊虫		驱蚊液	驱蚊器	无比滴				

③因为去海边，防晒帽 + 洞洞鞋是标配。

④海边能挖沙，酒店能游泳，所以相关装备都拿着，尽量拿轻便的，回程可以适当丢弃或者寄回家。

⑤药品：夏季多蚊虫又容易腹泻，酒店离市区比较远，所以带点药有备无患。

至于自己的物品，就完全从简了（见下表）。

个人物品规划表

			位置	检查1	检查2
衣	外穿类	风衣、雨衣	背包衣物袋		
		上衣	衣物包		
		裤子	衣物包		
	内穿类	内衣	内衣包		
		内裤	内衣包		
		睡衣	内衣包		
	鞋类	洞洞鞋	穿着		
		拖鞋	鞋包		
用	护肤类	洗面奶	洗漱包		
		眼霜	洗漱包		
		面霜	洗漱包		
		牙膏	洗漱包		
		牙刷	洗漱包		
		洗发水	洗漱包		
		隔离、防晒霜	背包化妆品		
		护手霜	背包化妆品		
	电子类	平板	背包		
		笔记本		×	×
		下载的电影、电视剧		×	×
		充电器	收纳包		
		充电线	收纳包		
		数据线	收纳包		
		电源	收纳包		
		耳机	收纳包		
		充电宝	背包		
		充电宝线	背包		
	其他	伞	背包		
		帽子	背包		
		眼镜	背包		
		药	药品袋		

整理篇

三个要点：

①轻便：因为只去三天，所以所有东西尽量少拿。本着以上要点，舍弃了小朋友的小凉毯、拖鞋、牙杯和小面巾，牙杯可以用水瓶代替，擦脸可以用面巾纸或者纱布巾。

②度假风格的衣服：如各种条纹 T 恤、白色动物 T 恤。

白色动物T恤

③一物多用：伞拿一把防紫外线的，海边阳光很猛烈，万一下雨也能用。大人孩子都拿一件小外套，小雨、降温或者进空调房间都能穿，有总比没有强。一把牙刷全家人都能用（这个之后会解释）。

现在每天要给各种电子设备充电，之前出门发现到处找插头很不方便，于是准备带一个能顶三个的充电器。

收纳篇

把所有需要带的物品整理好之后，开始收纳。

首先找出收纳袋，然后把相关物品逐一装进去。以小朋友的物品为例：

第一大类就是衣服：4条裤子、4条内裤、4件T恤、2套睡衣加2双袜子。

然后收纳在衣物
袋里，好找。

前面说的有简单防雨功能的小外套，应付降温或者空调低的情况，收在装羽
绒服的收纳袋里，方便好找。

鞋子就2双，穿1双洞洞鞋、拿1双拖鞋。
酒店的拖鞋一般小朋友都穿不了，太大了
（最后还是舍弃了拖鞋，就1双洞洞鞋潇
洒走一回）。

第二大类是随身携带的物
品。考虑到各种情况，预
备了坚果、饼干和小零食。
加上夏季水瓶、手口巾和小
外套，都装在小朋友的背包
里，让小朋友自己背着。

重点说一下这个夏季水壶。秋冬时拿一个爆款的小狮子水壶到处"撞"壶，但夏天不用保温，再背那么沉的实在不甘心。最后15元买了一个，容量600毫升，装杯凉开水轻便出门，而且丢了也不会心疼。

第三大类是住和洗。住就带一条薄薄的小凉毯，因为酒店估计不会提供（最后还是舍弃了，因为带孩子出门，行李轻才是王道）。

洗护的东西牙膏是必须带的，因为大人的牙膏味道小朋友接受不了。防晒是婴儿款的。再带一条超轻的纱布巾，洗完澡、洗完脸都可以擦擦。

牙刷虽然有点大，但只要换个刷头就能用，所以带一把也可以。要是全家出门，一人带一个牙刷头就能搞定，当然刷头要贴标签，免得弄错。

洗护的4件东西收到防水的小袋子里，没有袋子用透明收纳袋也可以。

第四类：酒店有泳池，也有儿童戏水的地方，所以带着泳衣套装，顺便解决防晒问题。

我也带了泳衣、泳帽和沙滩裙。

第五类：出门在外就怕小朋友不舒服，所以带了一些必备品：体温计、晕车药、腹泻药、对付外伤的液体创可贴、生理盐水和碘伏棒。

必备品统统收在红色袋子里。

还有就是听说蚊子特别多，所以带了驱蚊器、驱蚊水和无比滴应对。

为了节约空间，我这次就带了两条裙子、两件T恤、一条裤子，还有几件贴身衣物，收在一个小袋子里。

　　最终，所有的东西都被装在一个 20 寸登机箱里面。再加上我和孩子各一个背包，这样就可以出门了。

总结：做好规划之后，整理收纳就很容易了。

①袋子有专用：尽量把同类物品集中收纳在一个袋子中，这样找东西会很方便。

②宁少勿多：少带点行李就能多点力气玩。

③收纳工具：推荐选择各种收纳袋，十分好用，建议买质量好的，当然价格也会不菲，不过本着"不买则已，要买就满意"的精神还是入手品牌的收纳袋比较好。

如果没有现成的收纳袋，用各种尺寸的透明收纳袋也完全没问题，感觉找东西会更方便，虽然小贵，但可以用好多次，密封之后也干净卫生。

洗漱包，可以用小钩子挂在浴室毛巾杆上。里面还有橡皮筋，可以固定洗漱用品，真是很人性的设计。前面的透明小袋装小东西很方便。

高性价比的透明收纳袋。

附录 和宜家创始人学老前整理

之前听到宜家创始人坎普拉德去世的消息，心里还真是有点难过。十几年前，我因工作调动一个人来到北京，心情低落的时候，朋友带我到宜家逛了一下，对于家的向往让我瞬间被疗愈了。后来从和我先生在北京安家到成为一名整理师，宜家对我的生活和工作都产生了深远的影响。坎普拉德白手起家，创建了宜家商业帝国，给无数人带来了"家"，也影响了无数的人。除此之外，坎普拉德提前做好的老前整理，也非常值得我们学习。

老前整理是什么

"老前整理"也叫"生前整理"，是近年在日本流行的一个新词。一般是指一个人到了退休年纪就开始对自己的财产和物品进行合理规划，去世时不给子女和他人留负担的做法。最初针对的是老年人，现在有很多年轻人也开始学习，并和自己的父母一起整理。

坦白讲，作为一个中国人，特别是一个上有老下有小的中国人，我第一次听到老（生）前整理这个词是很排斥的，总觉得不太吉利。但做了规划整理专家之后，慢慢接受了这个概念。世事无常，如果凡事提早规划，无论是自己还是家人，到时都会更从容一些。而且回忆起生孩子之前，其实自己也做过类似的事情。在进医院待产之前，我花时间整理了一下自己的资产，提前交代给我先生。当然，后来一切都还顺利，但现在想想这么做还是很有必要的。

老前整理的内容

根据资料显示，老前整理主要包括以下几部分内容：

①财务规划：仔细记录重要财产，包括房屋、保险、存款等。可以提前预留丧葬费用。

②医疗：如果到了生命末期，要选择哪种治疗方式。

③衣服：穿的衣服、鞋子等。

④通知：想通知的人的姓名、地址、联系方式以及不想通知的人的姓名。

⑤葬礼安排：仪式、规模、布置情况、墓地。

感觉有点沉重吧，我们来看看宜家老爷子是如何进行老（生）前整理的。

宜家创始人的老前整理

很多家族逃脱不了"富不过三代"的魔咒，为此老爷子也一早开始筹谋。最重要的当然是为了保护宜家这个巨大的商业帝国。

首先，是税。众所周知，瑞典的税非常高，遗产税更是天文数字。早在 20 世纪 70 年代，老爷子就把公司转移到了荷兰。

其次，是控制权。经过非常复杂的架构设计，老爷子让宜家处于家族的绝对控制之下，任何外人包括政府都无法插手。

最后，是接班人。大儿子被称为"经济学家"，二儿子是"创意设计师和产品研发师"，小儿子喜欢商业和全球化。老爷子的三个儿子行事低调，没有更多的资料，但相信时间最终会证明一切。

至于房子、车子、衣服，老爷子是个众所周知的"抠门儿"老头。房子虽然在瑞士洛桑湖边，但据说他是等到该小区快售完时以最优惠的价格买下的尾房；车子是一辆20年不变的老款沃尔沃；衣服方面，他曾经向媒体透露过他的衣服都来自二手店，感觉他老人家一早就在进行生前整理了。

怪老头的"废物"公寓

看完了老爷子高瞻远瞩的生（老）前整理，我们来看一个相反的案例。

不知道大家还记不记得，《老友记》里面有一集，讲的是住在他们楼下的怪老头去世之后，莫妮卡他们帮他整理遗物的事。

瑞秋表示"她从来没有见过这么多废物"。

最后，他们六个人收拾了好久，才把公寓清空。

让只有几面之缘的陌生人来帮自己收拾后事这种事，也只有怪老头干得出来吧。这些"废物"如果能够早清理，相信对自己、对他人应该都更方便。

断舍离最难的是什么？离

天天都说"断舍离"，我知道你们天天说也做不到。"断舍"我现在基本做到了，不买、不收集不需要之物，舍弃不用之物。但"离"是指脱离对物质的追求，我正在修炼。

我在文章里写过，培养健康的爱好是脱离买买买魔咒的一个好办法。现在看来，还需要更多地追求精神层面的东西才行。

以宜家老爷子为例，虽然宜家声明说老爷子不是世界首富，但他也应该是个世界级富豪。这个富豪可与众不同，他住一幢小房子；穿着二手衣服；出门的话，飞机一定是经济舱，火车一定是二等座，开的车是一辆二十多年的沃尔沃。

那他的钱都花哪里去了？

慈善！他的慈善基金会资产规模雄厚。他做起好事来一点儿都不抠门。2013 年基金会就发放了 9 亿元帮助儿童。此外，随便翻翻宜家国外官网，都能看到他们的慈善项目。2017 年他们帮助菲律宾儿童、帮助叙利亚难民营、帮助罗兴亚儿童、帮助印度女性经济独立……绝对是造福全人类。老爷子真的是一个脱离了低级趣味的人。

使用期限

如果我们能够客观地把人体看作一部机器的话，就会明白，人也是有"使用期限"的。老爷子活到 91 岁，作为人类来讲，他得享高寿，"使用期限"够长。

买衣服、买包包的时候大家都觉得这件衣服我可以穿好多年，这个包包我可以用一辈子，但真的是这样吗？一件衣服，姑且不说人是否能十几年身材没变化，也不论这衣服式样有多经典不过时，只要是衣服，穿的时候难免会有汗渍、污渍，穿了几年，不管你多么小心，难免还是会有洗不掉的污痕。如果穿的次数多，磨损、起球等问题也是不可避免的。我姥姥曾经给我留下一件丝绒的旗袍，颜色、做工都很好，可惜岁月把丝绒磨损了，无法再穿。包包也是一样，只要你经常使用，就不太可能背十年依旧如新，更不要说一辈子了。房子也是一样，十年前，入住新房，处处锃光瓦亮；十年后，屋顶漏水，暖气上方乌黑，地板裂缝。一句话，万事万物都是有使用期限的，过时、不用的东西一定要从生活中请走。否则，你走之后，还要麻烦别人来处理它们。

宜早不宜迟

作为从善如流的行动派，我决定尽早开始自己的老前整理，计划在近期抽出一天规划和整理，并做好记录。

财务方面，约谈财务顾问，为自己未来的医疗、养老、子女的教育金做好规划。

生活方面，特别赞同一句话：人活到极致一定是素与简。

首先，我的衣服已经渐渐趋向极简，去年一年买的衣服连披肩一共才 10 件。其中 5 件高频使用，2 件已经送人。

饮食方面，有烘焙小助理（就是我儿子），未来会花多点时间教他煲汤、炒菜。至少以后他自己一个人生活不会饿着。

住的方面，以后条件合适，会把房子换小。

出行方面，家里有一辆很老但状况良好的小车子，我们决定只要还能开就先不换。以后家里附近的地铁开通，出行会更便利和环保。

　　未来的消费会倾向教育、旅行、亲人朋友等方面。时间流逝能带走一切，但带不走和亲人朋友一起共度的美好时光。